Berndt Lüderitz (Hrsg.)

Arrhythmiebehandlung und Hämodynamik

Mit 57 Abbildungen

Springer-Verlag Berlin Heidelberg New York
London Paris Tokyo Hong Kong

Professor Dr. med. BERNDT LÜDERITZ
Direktor der Med. Univ.-Klinik
Innere Medizin – Kardiologie
Sigmund-Freud-Str. 25
5300 Bonn 1

ISBN-13: 978-3-642-75336-7   e-ISBN-13: 978-3-642-75335-0
DOI: 10.1007/978-3-642-75335-0

CIP-Titelaufnahme der Deutschen Bibliothek
Arrhythmiebehandlung und Hämodynamik / Berndt Lüderitz (Hrsg.).
– Berlin; Heidelberg; New York; London; Paris; Tokyo; Hong Kong: Springer, 1990
  ISBN-13: 978-3-642-75336-7

NE: Lüderitz, Berndt [Hrsg.]

Gesamtherstellung: Graphischer Betrieb Konrad Triltsch, 8700 Würzburg
2119/3130-543210 – Gedruckt auf säurefreiem Papier

Vorwort

Die Pharmakotherapie von Herzrhythmusstörungen wird zunehmend kritisch gesehen. Auf Kongressen und in der Fachliteratur meint man sogar eine gewisse Verdrossenheit gegenüber der medikamentösen Arrhythmiebehandlung zu spüren – in vermeintlichem Gegensatz zu den klinischen und praktischen Notwendigkeiten aus der Sicht der Ärzteschaft. – Die vieldiskutierte CAST-Studie (Cardiac Arrhythmia Suppression Trial) ist sicherlich nur *ein* Grund für die große Zurückhaltung, die den differenten Antiarrhythmika heute begegnet. Es scheint so, als würde das Ergebnis von CAST – daß nämlich der „Arrhythmietod" bei Infarktpatienten mit symptomlosen ventrikulären Rhythmusstörungen unter Flecainid und Encainid häufiger ist als unter Placebo – erheblich überbewertet und auf die Pharmakotherapie insgesamt ausgeweitet. – Für die Rhythmologie bedeutet dies, daß alternative Maßnahmen wie die Elektrotherapie und die antiarrhythmische Kardiochirurgie nun eher überschätzt werden.

Der Negativkatalog der medikamentösen Arrhythmiebehandlung wird naturgemäß angeführt von den potentiellen proarrhythmischen Effekten mit ihren gefährlichen, zum Teil fatalen Auswirkungen.

Das wichtige Thema der Hämodynamik bei der Behandlung von Herzrhythmusstörungen, d. h. die Auswirkungen der Arrhythmien selbst und die der antiarrhythmischen Interventionen, steht demgegenüber – zumindest derzeit – im Hintergrund.

Zu wenig wird auch beachtet, daß die durch Beseitigung einer Herzrhythmusstörung erzielte hämodynamische Verbesserung die Beeinträchtigung der Myokardfunktion durch negativ-inotrope Antiarrhythmika im allgemeinen mehr als aufwiegt. – Angesichts dieser Situation erschien es angezeigt, die Wechselbeziehung zwischen Arrhythmiebehandlung auf der einen, und hämodynamischer Auswirkung auf der anderen Seite, vertiefend zu beleuchten und das Gesprächsergebnis als Berichtsband zusammenzufassen.

„Hämodynamische Gesichtspunkte bei der Arrhythmiebehandlung" war das Thema einer Arbeitstagung am 2. 12. 89 in Wien. Zur Diskussion standen sowohl die negative Inotropie der Antiarrhythmika wie die hämodynamischen Auswirkungen der Herzrhythmusstörungen. Das vorliegende Buch enthält die Referate zum Thema, ergänzt durch eine Einführung zur Therapie mit Antiarrhythmika und einen Beitrag zur Hämodynamik bei supraventrikulären Tachykardien und deren Behandlung. Herausgeber und Referenten waren bestrebt, das klinisch relevante Thema für die tägliche Praxis aufzuarbeiten und eine Standortbestimmung zur Hämodynamik bei Herzrhythmusstörungen und ihrer Behandlung anzubieten. Das Buch richtet sich insofern an alle ärztlichen Kolleginnen und Kollegen, die mit der Arrhythmiebehandlung in Klinik und Praxis zu tun haben.

Zu danken ist den Autoren für die sorgfältige Abfassung der Manuskripte und dem Hause Giulini, Hannover, namentlich Herrn Dr. R. Wisotzki, für die organisatorische Betreuung der Tagung.

Der Springer-Verlag hat uns wieder sachkundig unterstützt und in bewährter Zusammenarbeit für eine zügige Drucklegung der Referate Sorge getragen.

Bonn, Frühjahr 1990   BERNDT LÜDERITZ

Inhaltsverzeichnis

Mitarbeiterverzeichnis

ADAM, W. E., Prof. Dr.
Ärztlicher Direktor der Abteilung Nuklearmedizin,
Med. Univ.-Klinik und Poliklinik Ulm,
Robert-Koch-Str. 8, 7900 Ulm

CLAUSEN, M., Dr.
Abteilung Nuklearmedizin, Med. Univ.-Klinik und Poliklinik Ulm,
Robert-Koch-Str. 8, 7900 Ulm

EGGELING, T., Dr.
Abteilung Innere Medizin IV, Med. Univ.-Klinik und Poliklinik Ulm,
Robert-Koch-Str. 8, 7900 Ulm

EICHELBAUM, M., Prof. Dr.
Leiter des Dr. Margarete Fischer-Bosch-Instituts für Klinische Pharmakologie,
Auerbachstr. 112, 7000 Stuttgart 50

HARDTMANN, E., Dr.
Robert-Bosch-Krankenhaus, Zentrum für Innere Medizin,
Auerbachstr. 110, 7000 Stuttgart 50

HENZE, E., Prof. Dr.
Abteilung Nuklearmedizin, Med. Univ.-Klinik und Poliklinik Ulm,
Robert-Koch-Str. 8, 7900 Ulm

HOFFMEISTER, H. M., Priv.-Doz. Dr.
Abteilung Innere Medizin III, Med. Klinik und Poliklinik der Universität,
Otfried-Müller-Str., 7400 Tübingen 1

HOMBACH, V., Prof. Dr.
Ärztlicher Direktor der Abteilung Innere Medizin IV,
Med. Univ.-Klinik und Poliklinik Ulm, Robert-Koch-Str. 8, 7900 Ulm

JUNG, W., Dr.
Med. Univ.-Klinik, Innere Medizin – Kardiologie,
Sigmund-Freud-Str. 25, 5300 Bonn 1

KLEINSORGE, H., Prof. Dr.
Am Wiesbrunnen 33, 6730 Neustadt 13

KOCHS, M., Priv.-Doz. Dr.
Abteilung Innere Medizin IV, Med. Univ.-Klinik und Poliklinik Ulm,
Robert-Koch-Str. 8, 7900 Ulm

KROEMER, H., Dr.
Dr. Margarete Fischer-Bosch-Institut für Klinische Pharmakologie,
Auerbachstr. 112, 7000 Stuttgart 50

KUCK, K.-H., Prof. Dr.
Kardiologische Abteilung, Univ.-Krankenhaus Eppendorf,
Martinistr. 52, 2000 Hamburg 20

LÜDERITZ, B., Prof. Dr.
Direktor der Med. Univ.-Klinik, Innere Medizin – Kardiologie,
Sigmund-Freud-Str. 25, 5300 Bonn 1

MANZ, M., Prof. Dr.
Med. Univ.-Klinik, Innere Medizin – Kardiologie,
Sigmund-Freud-Str. 25, 5300 Bonn 1

MAYER, U., Dr.
Abteilung Innere Medizin IV, Med. Univ.-Klinik und Poliklinik Ulm,
Robert-Koch-Str. 8, 7900 Ulm

MLETZKO, R., Dr.
Med. Univ.-Klinik, Innere Medizin – Kardiologie,
Sigmund-Freud-Str. 25, 5300 Bonn 1

MÖRIKE, K., Dr.
Dr. Margarete Fischer-Bosch-Institut für Klinische Pharmakologie,
Auerbachstr. 112, 7000 Stuttgart 50

NITSCH, J., Prof. Dr.
Med. Univ.-Klinik, Innere Medizin – Kardiologie,
Sigmund-Freud-Str. 25, 5300 Bonn 1

PEPER, A., Dipl.-Ing.
Abteilung Innere Medizin IV, Med. Univ.-Klinik und Poliklinik Ulm,
Robert-Koch-Str. 8, 7900 Ulm

SCHLEPPER, M., Prof. Dr.
Direktor der Kerckhoff-Klinik,
Benekestr. 2–6, 6350 Bad Nauheim

SCHOLZ, H., Prof. Dr.
Direktor der Abteilung Allgemeine Pharmakologie,
Univ.-Krankenhaus Eppendorf,
Martinistr. 52, 2000 Hamburg 20

SEIPEL, L., Prof. Dr.
Ärztlicher Direktor der Abteilung Innere Medizin III,
Med. Klinik und Poliklinik der Universität,
Otfried-Müller-Str., 7400 Tübingen 1

STEINBACH, K., Prof. Dr.
Vorstand der 3. Med. Abteilung mit Kardiologie und Dialysestation,
Ludwig-Boltzmann-Institut für Arrhythmieforschung, Wilhelminenspital,
Montleartstr. 37, A-1160 Wien

STEINBECK, G., Prof. Dr.
Med. Klinik I der Universität München, Klinikum Großhadern,
Marchioninistr. 15, 8000 München 70

WEISMÜLLER, P., Dr.
Abteilung Innere Medizin IV, Med. Univ.-Klinik und Poliklinik Ulm,
Robert-Koch-Str. 8, 7900 Ulm

Einführung: Therapie mit Antiarrhythmika

B. Lüderitz

> *Das Neue ist, eben weil es neu ist,*
> *dasjenige, was am meisten überrascht.*
> G.E. Lessing (1729–1781)

Herzrhythmusstörungen stellen keine eigene Erkrankung dar, sondern sind Symptom oder Komplikation eines – meist kardialen – Grundleidens. Behandlungsbedürftig sind Arrhythmien, die mit einer prognostischen Belastung verbunden sind oder infolge gestörter Hämodynamik zu klinischen Symptomen führen wie Herzinsuffizienz, Angina pectoris, Schwindel, kardiogener Schock und Synkope. Änderungen von Herzfrequenz und Ventrikelkontraktion bestimmen also die hämodynamischen Konsequenzen der Herzrhythmusstörungen und ihre Behandlung. Bei Herzkranken kann die obere (kritische) Herzfrequenz, jenseits derer das Herzzeitvolumen absinkt, deutlich niedriger liegen als bei Gesunden, denn die Kompensationsvorgänge zur Aufrechterhaltung einer normalen Herzauswurfleistung werden ganz wesentlich von der myokardialen Ausgangslage bzw. Grundkrankheit bestimmt (koronare Herzkrankheit, Myokarditis, Kardiomyopathie).

Hämodynamik

Die Hämodynamik bei Herzrhythmusstörungen und bei ihrer Behandlung wird durch mehrere Einflußgrößen bestimmt:

- Lebensalter,
- Grundkrankheit,
- linksventrikuläre Auswurffraktion (EF),
- Kammerarrhythmie-/frequenz (ventrikuläre Extrasystolie bzw. ventrikuläre Tachykardie, Kammerflattern/-flimmern),
- intraventrikuläre Leitung (bzw. ihre elektrotherapeutische Modifizierung),
- Antiarrhythmika,
  Hämatokrit, Viskosität, atriales natriuretisches Peptid (?) u. a.

Eine Reduzierung des Herzzeitvolumens wird unter β-Rezeptorenblockern, Propafenon, Flecainid und besonders Disopyramid beobachtet. Amiodaron führt nach neueren Untersuchungen hingegen weder unter hochdosierter Aufsättigungstherapie noch unter oraler Langzeitbehandlung zu relevanten hämodynamischen negativen Effekten.

Prof. Dr. B. Lüderitz, Med. Univ.-Klinik, Innere Medizin – Kardiologie, Sigmund-Freud-Str. 25, 5300 Bonn 1

Grundlagen der Arrhythmiebehandlung

Die Möglichkeiten der antiarrhythmischen Therapie sind heute vielfältiger und effektiver, aber auch komplizierter als noch vor wenigen Jahren. Dies gilt gleichermaßen für die Indikation zur Therapie allgemein wie für den Entschluß zu einer bestimmten therapeutischen Maßnahme und die Kontrolle der antiarrhythmischen Behandlung selbst.

Eine wirksame und dauerhafte Beherrschung kardialer Arrhythmien setzt ein sorgfältiges differentialtherapeutisches Vorgehen voraus. An erster Stelle steht die Behandlung des Grundleidens. Die kausale Behandlung muß dabei naturgemäß auf die Krankheitsursache ausgerichtet sein, d. h. beispielsweise Therapie einer koronaren Herzkrankheit, Behandlung einer Myokarditis, Beseitigung einer Glykosidintoxikation oder Elektrolytstörung, Normalisierung einer Hyperthyreose oder Revision eines defekten Herzschrittmachers.

Die symptomatische Therapie von kardialen Arrhythmien gliedert sich in medikamentöse Behandlung, elektrotherapeutische Maßnahmen (Defibrillation, elektrischer Schrittmacher, Katheterablation) und antiarrhythmische Kardiochirurgie (Abb. 1). Auf dem pharmakologischen Sektor ergeben sich Fortschritte durch neue antiarrhythmische Wirkstoffe wie Amiodaron (Cordarex), Flecainid (Tambocor), Tocainid (Xylotocan), Encainid sowie den β-Rezeptorenblocker Sotalol (Sotalex), dem auch repolarisationsverlängernde Eigenschaften zukommen. Es ist jedoch zu betonen, daß moderne Antiarrhythmika nicht zwangsläufig „bessere" Antiarrhythmika darstellen, sondern in erster Linie dazu beitragen, das Indikationsspektrum zu erweitern. Sie besitzen jedoch gleichermaßen extrakardiale und kardiale Nebenwirkungen wie die bewährten konventionellen Antifibrillanzien.

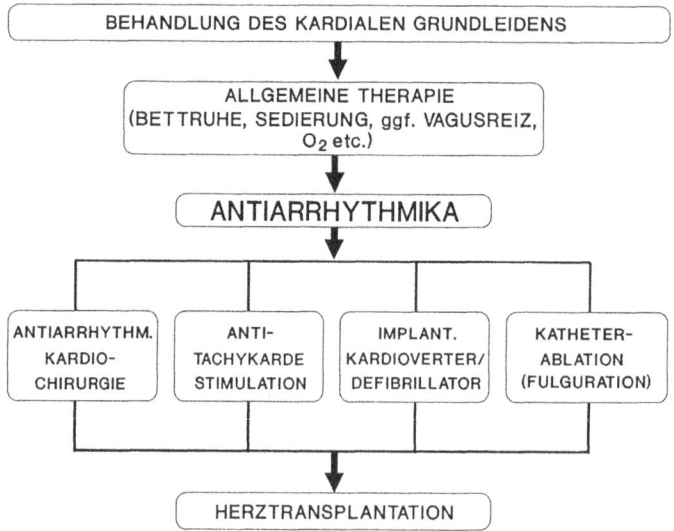

Abb. 1. Rangfolge therapeutischer Maßnahmen bei Herzrhythmusstörungen

Neue Entwicklungen und therapeutische Alternativen

Die aktuelle Forschung auf dem Gebiet der Elektrotherapie konzentriert sich auf die Weiterentwicklung konventioneller Schrittmacher mit erweitertem Indikationsspektrum („physiologische" Schrittmachersysteme, zunehmende Lebensdauer der Aggregate, kleinere Schrittmacherabmessungen etc.), auf die Implantation antitachykarder Schrittmachersysteme einschließlich intrakardialer Kardioverter-Defibrillatorfunktion und die Katheter-Ablation bzw. -Fulguration. Bei der nichtoperativen Unterbrechung des His-Bündels durch Kathetertechnik handelt es sich um ein relativ komplikationsarmes Verfahren, das als therapeutischer Fortschritt in Fällen medikamentöser Therapieresistenz bei bestimmten supraventrikulären Tachykardien angesehen werden kann.

Ein weiteres neues und erfolgversprechendes Gebiet stellt die antiarrhythmische Herzchirurgie dar. Sie kommt in speziellen Fällen in Frage, wo medikamentöse oder Elektrotherapie nicht ausreichend wirksam sind. Möglich sind die Durchtrennung akzessorischer Leitungsbahnen beim Präexzitationssyndrom und die umkreisende endokardiale Ventrikulotomie bzw. endokardiale Resektion arrhythmogenen Gewebes bei ventrikulären Tachyarrhythmien, ggf. kombiniert mit Aneurysmektomie und/oder aortokoronarer Bypassoperation. Als Ultima ratio kommt in Einzelfällen auch die Herztransplantation aus antiarrhythmischer Indikation in Frage.

Auf der Grundlage einer pathophysiologisch begründeten Differentialtherapie dürfte es angesichts der zu erwartenden Fortschritte in der Arrhythmiebehandlung zukünftig möglich sein, den Anteil therapieresistenter Herzrhythmusstörungen weiter zu vermindern.

Indikation zur Arrhythmiebehandlung

Grundsätzlich sind 2 Formen von Rhythmusstörungen behandlungsbedürftig, nämlich diejenigen, die zu einer klinischen Symptomatik führen, und solche, die mit einer prognostischen Belastung des Patienten verbunden sind. Eine hinsichtlich Gesamtmortalität und plötzlichem Herztod belastete Prognose ist bei ventrikulären Tachyarrhythmien im Gefolge einer koronaren Herzkrankheit und mutmaßlich auch bei dilatativer Kardiomyopathie gegeben. Als besonders gefährdet sind die Patienten anzusehen, bei denen ventrikuläre Arrhythmien in der unmittelbaren Postinfarktphase festzustellen sind. Die Gefährdung nimmt mit der Häufigkeit und Komplexität ventrikulärer Arrhythmien (>3 konsekutive ventrikuläre Heterotopien) zu.

Antiarrhythmika und ihre Anwendungsmöglichkeiten

Die antiarrhythmisch wirksamen Substanzen können nach ihrer vornehmlichen Wirkung auf Natrium-, Kalium- und Kalziumkanäle in 4 Wirkgruppen nach Vaughan-Williams [12] unterteilt werden:

I: Direkter Membraneffekt
    Abnahme der maximalen Anstiegsgeschwindigkeit (Phase 0)
    Depression der diastolischen Depolarisation (Phase 4)
    A: Verlängerung des Aktionspotentials
       Chinidin, Procainamid, Disopyramid, Ajmalin
    B. Verkürzung des Aktionspotentials
       Lidocain, Mexiletin, Aprindin, Phenytoin, Tocainid
    C: Keine signifikante Wirkung auf die Aktionspotentialdauer
       Lorcainid, Flecainid, Propafenon, Encainid
II. Sympatholyse
    β-Rezeptorenblocker
III: Zunahme der Repolarisationsphase
     Amiodaron, Sotalol
IV: Ca-Antagonismus
    Verapamil, Gallopamil, Diltiazem

Diese Einteilung erlaubt die Zusammenfassung von Substanzen mit ähnlichen, tierexperimentell gemessenen elektrophysiologischen Eigenschaften; sie ist u. a. bei der Zuordnung neuer Pharmaka und bei der Auswahl von Substanzkombinationen von Nutzen.

Bei den vielfältigen, teils unbekannten Ursachen einer Rhythmusstörung ist es anhand elektrophysiologischer Kenntnisse nicht möglich, die Wirkungen im Einzelfall vorauszusagen, wenngleich Differentialindikation und Abschätzmöglichkeiten von Therapieerfolg und Nebenwirkungen bestehen (s. folgende Übersicht und Tabelle 1).

Differentialtherapie bradykarder und tachykarder Herzrhythmusstörungen

Sinustachykardie	β-Blocker, Sedierung, Herzglykoside
Sinusbradykardie	Atropin, Alupent, Schrittmacher
Supraventrikuläre Extrasystolie	β-Blocker, Verapamil, Propafenon
Supraventrikuläre Tachykardie	Sedierung, Vagusreiz, Verapamil, β-Blocker, Propafenon, Flecainid, Elektrotherapie
Vorhofflattern/-flimmern	Glykoside, Verapamil, β-Blocker, Chinidin, Flecainid, atriale Hochfrequenzstimulation
SA-/AV-Blockierungen	Elektrischer Schrittmacher
Ventrikuläre Extrasystolie	Lidocain, Mexiletin, Ajmalin, Chinidin, β-Blocker bzw. Sotalol, Propafenon, Disopyramid, Tocainid, Amiodaron, „Overdrive"-stimulation
Kammertachykardie	Lidocain, Ajmalin, β-Blocker bzw. Sotalol, Propafenon, Disopyramid, Mexiletin, Tocainid, Amiodaron, Flecainid, Elektrotherapie
Kammerflattern/-flimmern	Defibrillation (200–400 Ws)

Für die indikationsbezogene Wahl eines bestimmten Antiarrhythmikums sind die Hauptwirkung am Herzen, die Pharmakokinetik und nicht zuletzt das Nebenwirkungsspektrum entscheidend [5].

Kombination antiarrhythmischer Arzneistoffe

Bei Ineffektivität eines Antiarrhythmikums können Substanzkombinationen wirksam sein. Die Auswahl für die Kombinationstherapie richtet sich nach den elektrophysiologischen Parametern und nach dem primären Wirkort am Herzen. Dies bedeutet, daß in der Regel Substanzen aus verschiedenen Wirkstoffklassen nach Vaughan-Williams kombiniert werden [12]. So kann die Kombination eines Klasse-I A- mit einem Klasse-I B-Antiarrhythmikum als bewährt angesehen werden (z. B. Chinidin/Mexiletin, Disopyramid/Mexiletin) [1, 2, 4]. Eine gute Wirksamkeit wurde auch von der Kombination des Klasse III-Antiarrhythmikums Amiodaron mit Mexiletin mitgeteilt [14]. In eigenen Untersuchungen konnte bei guter Verträglichkeit eine hohe Effektivität der Kombination von Sotalol (Klasse-III-Antiarrhythmikum und nichtselektiver β-Blocker) mit den Klasse-I B-Substanzen Mexiletin bzw. Tocainid nachgewiesen werden [13].

Eine bestimmte, allen anderen überlegene Substanzkombination kann nicht benannt werden. Bei der Wahl der einzelnen Antiarrhythmika wird man sich für diejenigen Substanzen entscheiden, die sich in vorausgegangenen Therapieversuchen als am effektivsten erwiesen haben. Die Einzelsubstanzen sollten dann in möglichst niedriger Dosierung verabreicht werden.

Durch die Kombination eines spezifischen Antiarrhythmikums mit einem reinen β-Rezeptorenblocker kann die Anzahl von ventrikulären Ektopien in der Regel nicht weiter gesenkt werden. Andererseits kam es unter der prophylaktischen Therapie mit β-Rezeptorenblockern bei Postinfarktpatienten zu einer Abnahme der Anzahl plötzlicher Todesfälle [10]. Erste Ergebnisse einer Untersuchung von Patienten mit ventrikulären Tachyarrhythmien, die entweder mittels programmierter Stimulation mit einem spezifischen Antiarrhythmikum oder empirisch mit Metoprolol behandelt wurden, zeigen eine günstige Wirkung der β-Blockertherapie. Nach diesen Befunden kann die Kombination von β-Blockern mit einem spezifischen Antiarrhythmikum für vom plötzlichen Herztod bedrohte Patienten indiziert sein. Die gegebenenfalls zusätzliche β-blockierende Wirkung der Antiarrhythmika (z. B. Amiodaron, Propafenon) muß allerdings bei dieser Dosierung berücksichtigt werden [8].

Arrhythmogene Wirkung

Unter einer proarrhythmischen Wirkung der Antifibrillanzien wird eine signifikante Zunahme von ventrikulären Extrasystolen, der Übergang von selbstterminierenden in persistierende Kammertachykardien oder das Auf-

Tabelle 1. Medikamentöse Behandlung von Herzrhythmusstörungen

Medikament (Handelsname in Klammern)	Indikation	Dosierung Akuttherapie	Dosierung Prophylaxe	Extrakardiale Nebenwirkungen
Ajmalin (Gilurytmal)	Ventrikuläre Extrasystolie; ventrikuläre Tachykardie	25–50 mg i.v.	<300 mg/12 h i.v.	Übelkeit, Kopfschmerzen, Appetitlosigkeit, Cholestase, Leberenzymanstieg
Prajmalin (Neo-Gilurytmal)	Supraventrikuläre, ventrikuläre Extrasystolie; Rezidivprophylaxe; ventrikuläre Tachykardie		60 mg/Tag p.o.	Cholestase, Übelkeit, Kopfschmerzen, Schwindel, Leberenzymanstieg, Thrombozytopenie
Amiodaron (Cordarex)	Supraventrikuläre, ventrikuläre Tachyarrhythmien	5 mg/kg KG (langsam i.v. <450 mg)	Sättigungsdosis 600–1000 mg/Tag 1–2 (3) Wochen Erhaltungsdosis 200–400–600 mg/Tag p.o.	Korneaablagerungen, Photosensibilität, Schilddrüsenstoffwechselstörungen; selten: Lungenfibrose, Tremor, Polyradikulitis, Hepatopathie
Aprindin (Amidonal)	Supraventrikuläre, ventrikuläre Tachykardie	20 mg i.v. <300 mg/24 h	1- bis 2mal 50 mg/Tag p.o.	Tremor, Doppelsehen, Psychosen, cholest. Hepatitis, Agranulozytose
Chinidinbisulfat (z.B. Chinidin-Duriles, Optochinidin-Ret.)	Vorhofflimmern/-flattern; Supraventrikuläre, ventrikuläre Extrasystolie		1–1,5 g/Tag p.o.	Gastrointestinale Beschwerden, Sehstörungen, Ohrensausen, Synkopen, Leukopenie, Hepatitis, hämolytische Anämie; selten: Thrombozytopenie, Agranulozytose, schwere Überempfindlichkeitsreaktionen
Disopyramid (Diso-Duriles, Norpace, Rythmodul)	Supraventrikuläre, ventrikuläre Extrasystolie; supraventrikuläre Tachykardie; Arrhythmieprophylaxe nach Elektrokonversion	2 mg/kg KG <150 mg in 5–15 min	4- bis 6mal 100 mg/Tag p.o.	Mundtrockenheit, Seh- und Miktionsstörungen, gastrointestinale Beschwerden, Sedierung, Cholestase
Flecainid (Tambocor)	Lebensbedrohende supraventrikuläre und ventrikuläre Rhythmusstörungen	1 mg/kg KG i.v.	2mal 100–150 mg/Tag p.o.	Doppelsehen, Schwindel, Kopfschmerz, Müdigkeit
Lidocain (Xylocain)	Ventrikuläre Extrasystolie; Kammertachykardie	50–100 mg i.v.	2–4 mg/min i.v.	Benommenheit, Schwindel, zentralnervöse Symptome

Medikament	Indikation	Dosierung i.v.	Dosierung p.o.	Nebenwirkungen
Lorcainid (Remivox)	Supraventrikuläre, ventrikuläre Extrasystolie und Tachykardie	100–150 mg i.v. <400 mg/24 h i.v.	2- bis 3mal 100 mg/Tag p.o.	Schlafstörungen, zentralnervöse Störungen; selten: gastrointestinale Beschwerden
Mexiletin (Mexitil)	Ventrikuläre Extrasystolie und Tachykardie	100–250 mg langsam i.v.	600–900 mg/Tag p.o.	Zentralnervöse Beschwerden, Parästhesie, Hypotonie, gastrointestinale Beschwerden
Procainamid (Procainamid Duriles)	Ventrikuläre Tachyarrhythmien; Vorhofflimmern	25–50 mg/min i.v.	30–50 mg/kg KG alle 4–6 h	Blutdruckabfall, Depressionen, Agranulozytose, systemischer LE
Phenytoin (Phenhydan, Zentropil)	Ventrikuläre Extrasystolie; Kammertachykardie (bei Digitalisintoxikation)	125 mg i.v.	3mal 100 mg/Tag p.o.	Nystagmus, Ataxie, Lymphadenopathie, Gingivahyperplasie
Propafenon (Rytmonorm)	Ventrikuläre Extrasystolie; supraventrikuläre und ventrikuläre Tachykardie; Präexzitationssyndrome	0,5–1 mg/kg KG	450–900 mg/Tag p.o.	Mundtrockenheit, salziger Geschmack, Kopfschmerzen, Schwindel, gastrointestinale Beschwerden, Cholestase
Propranolol (Dociton)	Supraventrikuläre Tachykardie; ventrikuläre Extrasystolie; tachysystolisches Vorhofflimmern		80–120 mg/Tag p.o.	Schwindel, Nausea, Diarrhö, Bronchospasmus, periphere Durchblutungsstörung, Alpträume
Sotalol (Sotalex)	Supraventrikuläre, ventrikuläre Tachykardie; ventrikuläre Extrasystolie	20 mg i.v. in 5 min	2mal 80–160 mg/Tag p.o.	Wie Propranolol, ausgeprägte Hypotonie (kardial: Bradykardie!)
Tocainid (Xylotocan)	Ventrikuläre Extrasystolie und Tachykardie		3- bis 4mal/Tag p.o.	Übelkeit, Erbrechen, Schwindel, Tremor, Hautreaktionen, zentralnervöse Beschwerden, Agranulozytose
Verapamil (Isoptin)	Supraventrikuläre Extrasystolie; Vorhofflimmern/-flattern	5 mg i.v.	3mal 80–120 mg/Tag p.o.	Hypotonie, gastrointestinale Beschwerden

treten von Kammerflimmern unter antiarrhythmischer Therapie verstanden. Bei der ausgeprägten Variabilität von Extrasystolen und der Unvorhersehbarkeit tachykarder Anfälle ist der Beweis arrhythmogener Effekte schwierig und ihre Definition uneinheitlich. In retrospektiven Untersuchungen konnte wahrscheinlich gemacht werden, daß unter antiarrhythmischer Behandlung in 2–20 % der Fälle eine Verschlechterung der Arrhythmie auftreten kann, die auf die Behandlung selbst zurückzuführen ist. Diese arrhythmogenen Effekte werden häufiger bei der Behandlung von Kammertachykardien (ca. 14 %) als bei der Therapie ventrikulärer Extrasystolen (ca. 8 %) registriert [11]. Die arrhythmogenen Wirkungen sind nicht substanzspezifisch und nicht sicher dosisabhängig. Um arrhythmogene Wirkungen der Arzneistoffe erfassen zu können, ist die Überprüfung der Behandlung durch Langzeit-EKG und/oder elektrophysiologische Testung erforderlich (vgl. [8]).

Risikogruppen von Patienten mit Herzrhythmusstörungen

Während der Verlauf bei Patienten mit rezidivierenden supraventrikulären Arrhythmien in aller Regel nicht belastet ist, können ventrikuläre Arrhythmien Vorläufer des plötzlichen Herztodes sein. Vor der Einleitung einer antiarrhythmischen Behandlung ist somit der prognostischen Bedeutung der jeweiligen Arrhythmieform nachzugehen.

Der Malignitätsgrad wird bestimmt

a) von der Art der Arrhythmie (einfache ventrikuläre Extrasystolen, komplexe ventrikuläre Extrasystolen, ventrikuläre Tachykardie),
b) von der zugrundeliegenden kardialen Erkrankung (koronare Herzkrankheit, dilatative Kardiomyopathie),
c) von der linksventrikulären Pumpfunktion
d) von der zeitlichen Beziehung zu einem abgelaufenen Myokardinfarkt.

Patienten mit einer gestörten Funktion des linken Ventrikels sind demnach in hohem Maße durch den plötzlichen Herztod bedroht auf der Grundlage einer elektrischen Instabilität des Herzens. Diese Patientengruppe ist es auch, die durch hämodynamische Komplikationen im Gefolge von Arrhythmien, aber auch durch negativ-inotrope Antiarrhythmika besonders gefährdet ist. Dabei korreliert das Risiko einer medikamentösen Arrhythmiebehandlung mit einer verminderten antiarrhythmischen Wirksamkeit in Abhängigkeit von der eingeschränkten linksventrikulären Pumpfunktion (Abb. 2).
    Eine günstige Prognose ergibt sich bei häufigen und komplexen ventrikulären Extrasystolen dann, wenn keine Herzkrankheit nachweisbar ist. Eine Indikation zur antiarrhythmischen Therapie besteht aus prognostischer Sicht für diese Patientengruppe also nicht.
    Demgegenüber ist die Indikation zur Arrhythmiebehandlung unter prognostischem Aspekt für Koronarkranke mit komplexen ventrikulären Extrasystolen (Paare und Salven im Holter-EKG) gegeben, insbesondere bei einer eingeschränkten linksventrikulären Pumpfunktion. Da die meisten plötzlichen Todesfälle in den Monaten nach einem Myokardinfarkt auftreten,

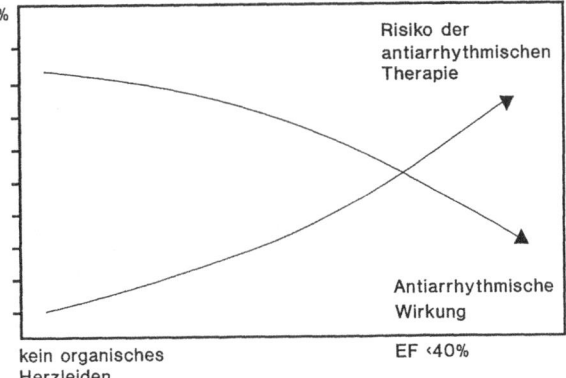

Abb. 2. Medikamentöse Arrhythmiebehandlung. Beziehung zwischen Wirksamkeit und Risiko in Abhängigkeit von der linksventrikulären Pumpfunktion (*EF*)

kommt der antiarrhythmischen Behandlung im 1. Jahr nach Herzinfarkt die größte Bedeutung zu.

Eine Indikation zur antiarrhythmischen Therapie bei dilatativer Kardiomyopathie scheint bei Patienten mit häufigen Paaren und Salven im 24-h-Langzeit-EKG gegeben (vgl. [9]).

Indikation zur Dauertherapie

Nach einer ca. 6- bis 12monatigen Behandlung sollte die Indikation zur antiarrhythmischen Therapie durch einen Auslaßversuch überprüft werden. Die Weiterführung der Behandlung sollte nur bei zahlreichen komplexen ventrikulären Arrhythmien erfolgen.

Bei Kammertachykardie/-flattern bzw. -flimmern ist auch nach jahrelanger erfolgreicher Arrhythmiesuppression unter antiarrhythmischer Behandlung von einer fortbestehenden elektrischen Instabilität des Ventrikels auszugehen. Ein Auslaßversuch der antiarrhythmischen Behandlung sollte demnach nur in Ausnahmefällen erfolgen. Erscheint ein solcher Auslaßversuch indiziert, weil es bei einem Koronarkranken zu einer Änderung des Substrats der Arrhythmie (z. B. Reinfarkt) gekommen ist, so sollte eine stationäre Rhythmusüberwachung vor Absetzen der Antiarrhythmika gewährleistet sein (vgl. [9]).

Therapiekontrolle

Die Therapiekontrolle durch das 24-h-Langzeit-EKG kann – angesichts der spontanen Variabilität der Extrasystolie – nur bei Patienten mit zahlreichen ventrikulären Extrasystolen sinnvoll eingesetzt werden [3].

Die programmierte Ventrikelstimulation stellt ein invasives Testverfahren dar und ist üblicherweise an spezielle klinische Voraussetzungen gebunden. Trotz Fortbestehens der Auslösbarkeit der Kammertachykardie unter programmierter Stimulation weisen bis zu 50 % der Patienten einen günstigen Verlauf auf. Dies erschwert die Definition einer medikamentösen Therapierefraktärität als Voraussetzung für alternative Therapiemaßnahmen, insbesondere unter einer antiarrhythmischen Behandlung mit Amiodaron [7].

Als weitere Entscheidungshilfen können bei Fortbestehen der Auslösbarkeit die hämodynamischen Auswirkungen der Tachykardie und zusätzlich die signifikante Abnahme der Extrasystoliehäufigkeit im 24-h-EKG herangezogen werden. Kommt es nach ausgedehnter Substanztestung unter antiarrhythmischer Medikation zu einem symptomatischen Rezidiv der Tachykardie, so ist die Indikation zu alternativen Therapiemaßnahmen (Defibrillator, antiarrhythmische Kardiochirurgie u.a.) gegeben.

Fazit

Eine vernünftige Arrhythmiebehandlung gliedert sich in Kausaltherapie und allgemeine Maßnahmen; erst dann folgen symptomatische Behandlungsformen wie medikamentöse Therapie und ggf. alternative Maßnahmen. Eine kausal begründete Behandlung muß naturgemäß auf die Krankheitsursache ausgerichtet sein: z. B. Therapie einer koronaren Herzkrankheit oder Kardiomyopathie, Behandlung einer Myokarditis, Beseitigung einer Glykosidintoxikation oder Elektrolytstörung, Normalisierung einer Hyper- oder Hypothyreose oder auch die Revision eines defekten Herzschrittmachers.

Das Symptom „Herzrhythmusstörung" ist behandlungsbedürftig, wenn subjektive Beschwerden als Folge einer gestörten Hämodynamik bestehen oder wenn eine rhythmogene prognostische Belastung des Patienten vorliegt. Letzteres trifft insbesondere für die koronare Herzkrankheit und die Kardiomyopathien zu. In der Regel ist hier eine Langzeittherapie angezeigt. Bei Versagen von Einzelsubstanzen ist durch die Kombination von Antiarrhythmika häufig eine gute Wirksamkeit mit tolerabler Nebenwirkungsrate möglich. Die negativ-inotropen Eigenwirkungen, die die meisten Antiarrhythmika besitzen, können bei Beseitigung der behandlungsbedürftigen Herzrhythmusstörungen weitgehend vernachlässigt werden [6].

Angesichts der besonderen Gefährdung bei gestörter linksventrikulärer Pumpfunktion ist vor einer unkritischen Dauerprophylaxe zu warnen. In der Nutzen-Risiko-Abwägung erscheint vielmehr eine auf den Einzelfall ausgerichtete Entscheidungsfindung vor jeder Therapieeinleitung geboten.

Literatur

1. Breithardt G, Seipel L, Abendroth RR (1981) Comparison of the antiarrhythmic efficacy of disopyramide and mexiletine against stimulus-induced ventricular tachycardia. J Cardiovasc Pharmacol 3:1026–1037
2. Duff HJ, Roden D, Primm RK, Oates JA, Woosley RL (1983) Mexiletine in the treatment of resistant ventricular arrhythmias: enhancement of efficacy and reduction of dose-related side effects by combination with quinidine. Circulation 5:1124–1128
3. Graboys TB, Lown B, Podrid PJ, DeSilva R (1982) Longterm survival of patients with malignant ventricular arrhythmia treated with antiarrhythmic drugs. Am J Cardiol 50:437–443
4. Greenspan AM, Spielman SR, Webb CR, Sokoloff NM, Rae AP, Horowitz LN (1985) Efficacy of combination therapy with mexiletine and a type I A agent for inducible ventricular tachyarrhythmias secondary to coronary artery disease. Am J Cardiol 56:277–284
5. Lüderitz B (1987) Therapie der Herzrhythmusstörungen – Leitfaden für Klinik und Praxis, 3. Aufl. Springer, Berlin Heidelberg New York Tokyo
6. Lüderitz B (1989) Hämodynamische Gesichtspunkte bei der Therapie mit Antiarrhythmika. Dtsch Med Wochenschr 114:30–33
7. Lüderitz B, Manz M, Steinbeck G (1984) Plötzlicher Herztod bei ventrikulären Herzrhythmusstörungen: Möglichkeiten und Grenzen der Langzeittherapie. Internist 25:415–420
8. Manz M, Lüderitz B (1987) Differentialtherapie supraventrikulärer und ventrikulärer Tachyarrhythmien. Inn Med 14:145–154
9. Manz M, Lüderitz B (1987) Antiarrhythmische Dauertherapie – Wann indiziert? Fortschr Med 34:666–670
10. Manz M, Steinbeck G, Lüderitz B (1983) Plötzlicher Herztod: Prognose der antiarrhythmischen Langzeittherapie. In: Schlepper M, Olson B (Hrsg) Kardiale Rhythmusstörungen. Springer, Berlin Heidelberg New York Tokyo
11. Morganroth J, Horowitz LN (1984) Flecainide: Its proarrhythmic effect and expected changes on the surface electrocardiogram. Am J Cardiol 53:89 B–94 B
12. Vaughan-Williams EM (1970) Classification of antiarrhythmic drugs. In: Sandoe E, Flensted-Jensen E, Olesen KH (eds) Cardiac arrhythmias. Astra, Södertälje
13. Wagner WL, Manz M, Lüderitz B (1987) Kombination von Sotalol mit den Klasse-I-B-Substanzen Tocainid und Mexiletin bei komplexer ventrikulärer Extrasystolie. Z Kardiol 76:296–302
14. Waleffe A, Mary-Rabine L, Legrand V, Demoulin JCI, Kulbertus HE (1980) Combined mexiletine and amiodarone treatment of refractory recurrent ventricular tachycardia. Am Heart J 100:788–793

Zur Geschichte der Antiarrhythmika – unter besonderer Berücksichtigung von Ajmalin

H. KLEINSORGE

Der Beitragsschwerpunkt Ajmalin enthebt den Autor der umfassenden historischen Rückschau auf die Einschätzung von Pulsunregelmäßigkeiten in früheren Zeiten. Wir wissen, daß bereits fast 3 Jahrhunderte vor Christi Geburt Wang Chu in China eine ganze Reihe von Büchern über den Puls schrieb und Galen 4–5 Jahrhunderte später (ca. 130–200 n. Chr.) seine Pulslehre entwickelte, nach der jedes Organ bzw. jede Krankheit eine eigene Herzschlagfolge induziert. Erst zu Beginn des 18. Jahrhunderts ließ sich allerdings der Puls durch die Entwicklung von Uhren mit Sekundenzeigern quantifizieren. Mitte des 19. Jahrhunderts gewann die Pulsmessung ihre Bedeutung im heutigen diagnostischen Sinne, geprägt von der sich entwickelnden experimentellen Physiologie und Pharmakologie. B. Lüderitz hat erst kürzlich diese historischen Reminiszenzen dargestellt [31].

Historischer Rückblick

In dem Buch *Beiträge zur rationellen Therapie für praktische Ärzte* [37] empfahl 1857 der Altonaer Arzt Theodor Wittmaack zur Behandlung der Herzinsuffizienz mit „bedeutender Pulsfrequenz" eine Rezeptur aus Morphium, Digitalis und Baldrian sowie den Zusatz von Stechapfelkraut zum Pfeifentabak. Daneben riet er zu Ruhe, Diät und Kälteeinwirkung auf die Herzgegend. Kaltes Waschen, das Trinken kalten Wassers und allenfalls ein Opiat wurde für jede Form der Pulsfrequenzsteigerung bei „nervösen und anämischen Patienten" empfohlen. Die Kälteanwendung in Form von Eisbeuteln, z. B. bei Endokarditis mit hoher Pulsfrequenz, war in unserer medizinischen Anfangszeit noch gang und gäbe.

Therapieentwicklung in den vergangenen Jahrzehnten

Machen wir einen Sprung und inspizieren wir die Therapie etwa vom Jahre 1940 ab. K. F. Wenckebach hatte in den 20er und 30er Jahren richtungsweisende Arbeiten in der EKG-Diagnostik geschrieben [36]. Die nach ihm benannten Perioden haben seinen Namen bis in die heutige Zeit getragen. Er

Prof. Dr. H. Kleinsorge, Am Wiesbrunnen 33, 6730 Neustadt 13 starb 1940. In demselben Jahr wurde der Initiator dieses Symposiums, Berndt Lüderitz, geboren [29, 30]. Es mag Zufall sein, daß bis zu seinem Eintritt in das Studium der Medizin auf dem Gebiet der Arrhythmietherapie eine Stagnation zu verzeichnen war. Während meines ebenfalls im Jahr 1940 begonnenen Studiums benutzte ich als Standardwerk ein *Lehrbuch der Inneren Medizin* [1], herausgegeben von einem Autorenkollegium um Gustav von Bergmann, Berlin. W. Nonnenbruch als Autor des Kapitels über „Krankheiten des Kreislaufs" unterschied grundsätzlich zwischen Störungen der Reizbildung und der Erregungsleitung. Die Therapieanweisungen waren allerdings mager.

Bei nomotopen Reizbildungsstörungen im Sinne einer Bradykardie wurde Atropin empfohlen. Die niedrige Pulsfrequenz bezog man auf eine Überdosierung von Digitalis oder aber andere außerhalb des Herzens liegende Erkrankungen wie z. B. Hirndrucksteigerungen.

Bei heterotopen Reizbildungsstörungen unterschied man zwar zwischen supraventrikulären und ventrikulären Extrasystolien, die Therapie war dagegen uniform und bestand etwa aus dem von G. v. Bergmann empfohlenen Mischpulver mit Phenobarbital 0,015, Strychnin 0,001 und Chinin mur. oder Chinidin sulf. 0,1. Dieses Pulver wurde auch noch nach dem Krieg zu Beginn meiner klinischen Tätigkeit Ende der 40er und Anfang der 50er Jahre verordnet. Es fand Eingang in die offiziellen Rezeptformeln, die dann von 1934 bis 1945 von der „gleichgeschalteten" Apothekerschaft in „Reichsformeln" umgetauft wurden. Zur Beseitigung von Vorhofflimmern wurde bereits Chinidin eingesetzt. Es wurde aber in erster Linie nur bei kurzfristig bestehendem Vorhofflimmern zur Rhythmusregulierung in hoher Dosierung gegeben. Um einen Sinusrhythmus zu erzielen, gab man auch Digitalis (3mal 0,1 bzw. 0,3 mg Strophanthin). Die intravenöse Injektion von Strophanthin – manchmal noch in wesentlich höheren Dosen – führte, wenn sie nicht langsam und vorsichtig ausgeführt wurde, in manchen Fällen zum plötzlichen Herzstillstand. Diese Komplikation habe ich in der Klinik selber miterleben müssen. Die Anwendung von Vagusreizen, wie Druck auf den Sinus caroticus der Halsschlagader oder auf die Augäpfel (Aschner-Bulbusdruckreflex), waren ebenso wie der Valsalva-Versuch oder das Trinken kohlesäurehaltigen Wassers für die Therapie der paroxysmalen Tachykardie bereits bekannt. Man versuchte auch das vaguserregende Cholin oder Doryl (Carbachol) bzw. das den Sympathikus lähmende Gynergen (Ergotamintartrat) einzusetzen. Mein damaliger Chef, Felix Lommel, verwandte bei der paroxysmalen Tachykardie besonders gern Apomorphin (0,01 subkutan), wodurch ein für den Patienten recht unangenehmer erheblicher Brechreiz mit entsprechendem Vagotonus ausgelöst wurde.

Bei Störungen der Erregungsleitung, die sich im Adams-Stokes-Anfall oder auch in einem totalen Block äußerten, wurde primär mit Faustschlägen auf das Herz therapiert. Mit Ephetonin oder Coffein in hohen Dosen versuchte man die Überleitung zwischen Vorhof und Kammer wiederherzustellen (3- bis 5mal 0,05 mg Ephetonin) oder aber auf den Normalrhythmus zu verzichten und mit hohen Digitalisdosen (5mal 0,1 mg) zeitweilige Erregungsleitungsunterbrechungen in dauernde zu überführen. Die Therapie mutet heute gar nicht so unbekannt an, allerdings muß man betonen, daß die Digitalismedikation nicht in Form der heute angewandten Digitalisglykoside, also etwa Digoxin oder Digitoxin, sondern als in der Wirksamkeit unterschiedlich starkes Pulvis foliorum Digitalis erfolgte.

Auch 15 Jahre später hatte sich diese Therapie trotz verbesserter EKG-Diagnostik nicht wesentlich geändert. – Apropos EKG-Diagnostik! Unser klinischer Oberarzt beurteilte im Anschluß an die Röntgenbesprechung jeweils stehend freihändig die Tages-EKGs in Sekundenschnelle. Er ließ den EKG-Streifen durch die Hände gleiten und stellte zur Verwunderung von uns jungen Assistenten die Diagnose so schnell, daß die anwesende Stenotypistin kaum mitschreiben konnte. Interessanterweise wurden diese Befunde fast nie revidiert.

Unterschätzung der klinischen Bedeutung von Extrasystolen

Der Kölner Kliniker H. W. Knipping, mit dem mich eine enge Zusammenarbeit verband, kam in dem 1956 erstmals erschienenen *Taschenbuch der Herz- und Kreislauferkrankungen* [27] zu dem Schluß, daß man bei Sinustachykardien zunächst nach einer Grundkrankheit wie pulmonaler Insuffizienz, Fettleibigkeit oder Hyperthyreose fahnden müsse. Bei Bradykardien wurde auf die günstige Wirkung kleiner Dosen Belladonna hingewiesen. Hatte Wenckebach die Extrasystolen noch als „harmlosen Unfug des Herzens" bezeichnet, so trat Knipping bereits energisch für eine entsprechende medikamentöse Therapie ein, obwohl den nervösen Störungen als Ausdruck eines „Cor nervosum" ein hoher Stellenwert zugeschrieben wurde. Medikamentös blieb es bei dem Chinidin oder einem seinerzeit bekannten Mischpräparat aus Chinidin, Theophyllin und Phenobarbital, wobei zwischen Vorhof- und Kammerextrasystolen im therapeutischen Ansatz nicht unterschieden wurde.

Procainamid, Chinidin sowie Kombinationsrezepturen

Procainamid wurde in diesen Jahren als neues Präparat angewandt, zunächst noch nicht speziell für ventrikuläre Rhythmusstörungen (1- bis 2mal täglich 1 Tabl. Novocamid). Erwähnt wurden darüber hinaus noch Spartein bzw. Digitalis.

Wenckebach-Pillen wurden für die kombinierte Digitalis-Chinidin-Therapie empfohlen. Sie unterschieden sich von der Rezeptur v. Bergmanns nur durch Fehlen des Phenobarbitals:

Chinidin sulf. 4,0,
Pulv. fol. Digitalis 2,0,
Strychnini nitr. 0,06,
Mass. pill. s. pill. Nr. C
s. 3mal 1–2 Pillen täglich.

Zusätzlich spielte auch die Fokalsanierung, besonders enthusiastisch verfochten von dem früheren Jenaer Kliniker Wolfgang Veil, bei allen Patienten mit Rhythmusstörungen eine große Rolle. In vielen kardiologischen Kliniken wurde zunächst eine Zahnsanierung bzw. eine Entfernung von Granulomen durchgeführt. Die Medizinische Klinik Jena beschäftigte in den 40er Jahren einen eigenen Zahnarzt. EKG-Befunde vor und nach der Zahnsanierung gehörten zum Repertoire aller Vorlesungen und wissenschaftlichen Vorträge.

In den bei Studenten wegen seiner Kürze in meiner Studienzeit sehr beliebten *Grundbegriffen der Inneren Medizin* von A. Sturm [35] ging der Autor kaum auf die medikamentöse Therapie von Herzrhythmusstörungen ein. Man kann seiner Darstellung nur entnehmen, daß damals ventrikuläre Extrasystolen als „harmloseste Form der Rhythmusstörungen" bezeichnet wurden. Sturm schreibt:

... sie werden durchaus nicht immer durch organische Herzmuskelerkrankungen, sondern viel häufiger anderweitig bedingt, so durch abnorme Erregbarkeit des Herzmuskels bei psycholabilen Menschen während einer Erregungsphase, bei pharmakotoxischen Einwirkungen von Nikotin und Digitalis.

Interessanterweise beschreibt der Autor zwar auch die supraventrikulären Extrasystolen, wertet aber nicht ihre Bedeutung.

Im internationalen Maßstab sah die Therapie nicht viel anders aus. Schlagen wir in dem Buch von Charles K. Friedberg (New York) nach, das in der 2. Auflage 1959 [4] in deutscher Übersetzung erschien, so finden wir ebenfalls das heute noch in den USA bevorzugt angewandte Procainamid neben Chinidin in steigender Dosierung von 0,75 bis 1,25 mg als Anfangsdosierung empfohlen, die dann in eine Dauergabe von 0,5 mg (2mal 250 mg) Chinidin überging. Bei den Nebenwirkungen weist der Autor darauf hin, daß unabhängig von QRS-Verbreiterungen oder QT-Verlängerungen gastrointestinale Störungen auftreten können, insbesondere bei einer allerdings heroisch anmutenden Dosierung von etwa 4 mg täglich. Ein Hinweis erfolgte auch auf Digitalis, Magnesium sowie eine sich heute nicht mehr im Handel befindende Verbindung aus Diäthylaminoisonikotinamid, die wohl primär die Herzdurchblutung fördern sollte.

Rauwolfiaalkaloide

In diesen 50er Jahren wurde bekanntlich der Rauwolfiaextrakt und dann als isoliertes Alkaloid der Rauwolfia serpentina, das Reserpin, in die Hypertonietherapie eingeführt [22, 25, 26].

Experimentelle und klinische Entwicklung des Ajmalins

Anfang der 50er Jahre beschäftigten wir uns mit dem Einfluß des damals zur Behandlung peripherer Durchblutungsstörungen eingesetzten Ganglienblockers Tetraäthylammoniumbromid auf den Herzrhythmus [24]. Wir konnten im EKG einen Einfluß auf die Erregungsleitung nachweisen, ohne allerdings einen nennenswerten therapeutischen Effekt zu erzielen. Die Auslösung einer absoluten Arrhythmie mit Vorhofflimmern führte zu einem Abbruch dieser Untersuchungen. Parallel zu diesen Untersuchungen befaßten wir uns, wie viele andere Kliniken damals, mit der Hochdrucktherapie durch Rauwolfia-gesamtextrakte und beteiligten uns an der Suche nach den wirksamsten blut-drucksenkenden Rauwolfiaalkaloiden. Im physiologischen Institut der Universität Budapest untersuchte ich gemeinsam mit dem auch heute noch am-tierenden Direktor A. Kovách und dem heute als Lymphologen international bekannten M. Földi einzelne der ca. 24 Alkaloide der Rauwolfia serpentina in bezug auf den Blutdruck und die zerebrale Hämodynamik, u. a. Reserpin, Rescinamin, Raupin und Ajmalin [28]. Die Untersuchung von Ajmalin, des-sen Isolierung dem Pakistaner Siddiqui aus Karatschi gelungen war [33, 34], zeigte keinen signifikanten Einfluß auf den Blutdruck, im Gegenteil, wir beobachteten zunächst kurzfristige Blutdruckerhöhungen. Eine Aufnahme dieses Alkaloids in ein Kombinationspräparat von reinen Rauwolfiaalkaloi-den zur Behandlung des Blutdrucks erschien nicht sinnvoll. Historisch gese-hen verbinden mich mit A. Kovách und M. Földi auch manche bedrückende Erinnerungen an diese Zeit. Beide Wissenschaftler und Kollegen wurden vom Volksaufstand in Ungarn 1956 überrascht, als sie zur Weiterführung unserer Untersuchungen an meiner Klinik in Jena weilten. S. Siddiqui [33, 34], der sich als Vater des Ajmalins fühlte, besuchte mich mehrmals auf dem Weg nach Rom – er war zum Mitglied der päpstlichen Akademie berufen worden –, um sich über meine Arbeiten zu informieren.

In dieser Zeit untersuchte K. Zipf vom Institut für Pharmakologie und Toxikologie der tierärztlichen Fakultät München ebenfalls den Einfluß der einzelnen Rauwolfiaalkaloide, um im Auftrag der Giulini-Forschung die optimale Zusammensetzung eines Antihypertensivums aus Rauwolfiaalka-loiden zu ermitteln [37]. Von dem auf dem Pharmasektor noch sehr kleinen Unternehmen Giulini, das sich in erster Linie mit der Phosphatproduktion befaßte, wurde ich zu weiteren Diskussionen über die Möglichkeit des Einsat-zes von Rauwolfiaalkaloiden in der Therapie eingeladen. Hinsichtlich des Ajmalin gab es eine einzige experimentelle Arbeit von Bedeutung. 1939 hat-ten U. Bijlsma und K. van Dongen in den Niederlanden die Verlängerung der Refraktionszeit und der Überleitungszeit festgestellt. Die tierexperimen-tellen Untersuchungen erschienen 1939 in einer physiologischen Zeitschrift, fanden aber offenbar kaum Beachtung [2]. Es lag nahe, besonders nachdem in bezug auf den Hochdruck aufklärende Untersuchungen über die Wirkung des Ajmalins stattfanden, diesen Befunden nachzugehen. A. Geuing und H. Kemper führten 1956 differenziertere experimentelle Untersuchungen des antiarrhythmischen Effekts von Ajmalin im Vergleich zu Chinin, Chinidin sowie Procainamid mit den damals üblichen pharmakologischen Modellen durch (Verhinderung der heterotopen Reizbildung bei Bariumchloridvergif-tungen bzw. Adrenalineinwirkung und Minderung/Verzögerung von Aconi-tinarrhythmien; [5]).

Sehr umfangreiche pharmakologische, toxikologische und klinische Un-tersuchungen waren damals für die Registrierung eines Arzneimittels noch nicht notwendig. Es lag daher nahe, daß möglichst bald versucht wurde, die angepeilte antiarrhythmische Wirksamkeit von Ajmalin auch klinisch zu untersuchen. Die ersten diesbezüglichen Erfahrungen wurden 1958 in Velden/ Wörthersee ausgetauscht. Unter anderem sprachen dort F. Scheler (Göttingen), der heutige Vorsitzende der Arzneimittelkommission der Deutschen Ärzteschaft, und A. Kovách (Budapest) über klinische und experimentelle Untersuchungen mit Ajmalin. Persönlich hatte ich die ersten positiven klinischen Erfahrungen gesammelt, die Ausgangspunkte der klinischen Untersuchungen waren, und die ich dort auch zur Diskussion stellte. Die Planung kontrollierter Studien und biostatistischer Auswertung war damals noch nicht üblich. Unsere Erfahrungen bezogen sich auf systematisches Sammeln von Kasuistik. Mein Vortrag entsprach inhaltlich weitgehend einer 1959 in der *Medizinischen Klinik* veröffentlichten Arbeit ([15]; Abb. 1, S. 18), in der eine Reihe von Behandlungsfällen sowie EKG-Befunde wiedergegeben sind. Die wichtigsten, bis dahin noch nie gesehenen Befunde ergaben sich bei der i. v.-Gabe des Mittels. Den 1962 in der DDR und 1980 in USA von anderen Autoren beschriebenen Ajmalintest haben wir hier bereits in einer EKG-Darstellung über die Einwirkung von Ajmalin auf das WPW-Syndrom aufgezeigt, ohne dessen Bedeutung richtig erkannt zu haben.

Erstanwendung von Ajmalin am Menschen

Zunächst hatte ich einen Selbstversuch ausgeführt, der den folgenden klinischen Prüfungen vorausging. Seinerzeit spürte ich sofort supraventrikuläre Extrasystolen mit kompensatorischen Pausen, wenn ich mich in Konfliktsituationen bzw. gravierenden Auseinandersetzungen befand. Vorsorglich ließ ich die Spritze mit 50 mg Ajmalin neben das Telefon legen. Als mein Verwaltungsdirektor anrief, um mit mir über das Klinikbudget zu diskutieren, drückte ich auf einen Knopf, und eine Assistentin verabfolgte mir während des Sprechens das Ajmalin. Ich merkte sofort rein subjektiv, daß die zunächst bei dem auch heute noch heißen Thema auftretenden Extrasystolen schwanden. Ein „Herzstolpern" war nicht mehr spürbar. Diesen Versuch haben wir dann später noch einmal unter exakten Bedingungen mit EKG-Diagnostik wiederholt. Damit war ich für die dann folgenden systematischen Untersuchungen motiviert.

Parenterale Gabe von Ajmalin

Der Effekt bei parenteraler Gabe insbesondere nach i.v.-Verabreichungen (auch die intramuskuläre Injektion wurde angewandt) konnte bei der oralen Verabreichung von Ajmalin nicht im gleichhohen Maße reproduziert werden. Daraus ergaben sich die ersten pharmakokinetischen Untersuchungen am Menschen. Als das Wort Bioverfügbarkeit noch nicht in aller Munde war,

Sonderdruck

MEDIZINISCHE KLINIK

DIE WOCHENSCHRIFT FÜR KLINIK UND PRAXIS

Schriftleitung: Dr. K. H. Stauder · Verlag Urban & Schwarzenberg
München · Berlin

54. Jahrgang, Nr. 10 — 6. März 1959 — S. 409—416

Klinische Untersuchungen
über die
Wirkungsweise des Rauwolfia-Alkaloids Ajmalin
bei Herzrhythmusstörungen,
insbesondere der Extrasystolie

Von Hellmuth Kleinsorge

*Aus der Medizinischen Universitäts-Poliklinik
für innere und Nervenkrankheiten,
Direktor: Prof. Dr. med. habil. H. Kleinsorge*

Nach Einführung der Rauwolfia serpentina in die
Hochdrucktherapie hat das Interesse an der Isolierung
und Erforschung der in dieser Pflanze enthaltenen
Alkaloide in den vergangenen Jahren erheblich zugenommen. Neben den Rauwolfia-Extrakten [7] spielt
heute bei der Hypertoniebehandlung das Reserpin allein
oder in Kombination mit anderen Reinalkaloiden der
Rauwolfia, wie Rescinnamin, Raupin, Ajmalicin u. a. eine
Rolle [8].

Die **pharmakologischen** Untersuchungen des bereits seit
Jahrzehnten bekannten Ajmalin wiesen auf einen Ein-

1

Abb. 1

Sonderdruck

DEUTSCHE
MEDIZINISCHE WOCHENSCHRIFT

SCHRIFTLEITUNG:
F. GROSSE-BROCKHOFF-DÜSSELDORF · H. KRAUSS-FREIBURG/BR. · W. v. BRUNN-
STUTTGART · D. STAMM-STUTTGART · H. KÜBCKE-MÜNCHEN · F. LANGE-
MÜNCHEN · GEORG THIEME VERLAG STUTTGART, HERDWEG 63

85. Jahrgang   Stuttgart, 26. August 1960   Nr. 35, Seite 1536—1540

Aus der Medizinischen Universitätsklinik Göttingen
(Direktor: Prof. Dr. R. Schoen)

Erfahrungen mit Ajmalin bei der Behandlung von Rhythmusstörungen des Herzens

Von F. Scheler, R. Schröder und O. Brahms

Für behandlungsbedürftige Rhythmusstörungen des Herzens stehen als relativ spezifische Medikamente Chinidin und Procainamid in erster Linie zur Verfügung. Über ihre Wirksamkeit liegen zahlreiche Beobachtungen vor[1]. Bei geschädigtem Herzen soll man sie allerdings mit gewisser Zurückhaltung verordnen, da eine ganze Reihe von Zwischenfällen bekannt geworden sind. Am meisten gefürchtet sind plötzlicher Herzstillstand, Kammerflimmern und Kollapszustände; sie können insbesondere nach intravenöser Gabe auftreten und schränken daher diese Anwendungsform stark ein.[2]

Es besteht daher ein großes praktisches Interesse an Stoffen, die neben einer sicheren Beeinflussung von Rhythmusstörungen mit weniger schwerwiegenden Nebenwirkungen einhergehen. Erste klinische Erfahrungen mit Ajmalin[3] zeigten eine überraschend gute therapeutische Wirksamkeit (Kleinsorge).

[1] Zusammenfassende Darstellung und Literatur siehe Spang.
[2] Über andere, nicht unbedeutende, Nebenwirkungen siehe Spang und Meyler.
[3] Ein Rauwolfia-Alkaloid (Rauwolfia serpentina).

1

Abb. 2

entwickelte mein klinischer Chemiker P. Gaida mit mir eine kolorimetrische
Bestimmungsmethode für den Nachweis des Ajmalin im Plasma. Die Methodik wurde in einer pharmazeutischen Zeitschrift veröffentlicht [17]. Die Untersuchung über Ausscheidungsmengen und -geschwindigkeiten verschiedener Applikationsformen erschien in der *Arzneimittelforschung* 1961 [18] bzw.
in der *Klinischen Wochenschrift* 1962 [19].

Prajmaliumbitartrat als orales Antiarrhythmikum

Die nicht optimale Wirksamkeit des Ajmalin bei der oralen Verabreichung
führte dann dazu, daß eine neue, besser resorbierbare Verbindung, das Salz
einer quartären Ajmalinbase, Neo-Gilurytmal (Prajmaliumbitartrat), entwickelt wurde, das 1968 auf einem Symposium in Wien seine Bewährungsprobe als orales Antiarrhythmikum glänzend bestand [10, 12].

Anerkennung von Ajmalin als Antiarrhythmikum

Nochmal zurück in das Jahr 1959. Auf dem damaligen Internistenkongreß in
Wiesbaden waren die Arrhythmien eines der Hauptthemen. Ich meldete dazu
auch einen Vortrag an, bekam dann einen zweifelnden Brief des damaligen
Präsidenten W. Brednow mit der Frage, ob denn wirklich etwas an dieser
Substanz dran wäre, und schließlich einen Vortragsplatz in den hinteren
Rängen [14]. Vor mir sprachen noch einzelne Redner über den „guten antiarrhythmischen Effekt" des Reserpins sowie des Antihistaminikums Antistin
(Antazolin), das heute nicht mehr im Handel ist. Im selben Jahr lehnte der
damalige Papst der Antiarrhythmikatherapie, Prof. Dr. Spang (Stuttgart)
eine Vortragsanmeldung von mir zum Hauptthema „Antiarrhythmische Therapie" auf dem Kardiologenkongreß in Bad Nauheim ab. Er betrachtete den
Wert von Ajmalin als Antiarrhythmikum gegenüber der mittlerweilen „bewährten" Chinidin- und Procainamidtherapie als noch zu ungeklärt, und ich
durfte nur zur Diskussion sprechen. Immerhin gab es auch schon weitere
Hinweise für die antiarrhythmische Wirksamkeit des Antiepileptikums Phenylhydantoin. Diese Substanz war den Klinikern bekannt. Man glaubte hier
ebenso wie bei dem oben genannten Antihistaminikum an günstigere Erfolge
als bei dem Neuling Ajmalin.

Objektiv zeigt ein Rückblick in einige Auflagen von *Heilmeyers Rezepttaschenbuch* auch die damalige Therapiesituation. 1950 [6] standen noch Chinin, Chinidin und die Wenckebach-Pillen im Vordergrund der Verordnungsempfehlung. 1956 [7] wurde erstmals auch Procainamid als Novocamid aufgeführt. Für die von mir skizzierte Entwicklung relativ schnell, stand bereits
in der Ausgabe von 1960 [8] Ajmalin (Gilurytmal) in der parenteralen und
oralen Anwendungsform bei den Therapieempfehlungen. Isoprenalin (Alu-

drin) für Überleitungsstörungen wurde erstmalig genannt. 1966 [9] nimmt Ajmalin in den Therapieempfehlungen eine dominierende Stellung ein, für Überleitungsstörungen kommt Orciprenalin (Alupent) hinzu.

1972 [11] wird erstmals Verapamil (Isoptin) im Zusammenhang mit supraventrikulären Extrasystolen erwähnt, und es erfolgt ein kurzer Querverweis auf β-Blocker im Kapitel über Koronartherapeutika. Bis zur letzten Ausgabe (1986) hat Ajmalin trotz einer Fülle neuer Präparate seine Stelle behauptet [3].

Die Jahre nach dem Veldener Symposium 1958 sowie dem Internistenkongreß 1959 brachten dann eine allgemeine Anerkennung der Ajmalintherapie, nachdem auch von anderer Seite aus Veröffentlichungen erfolgten. Dies gilt insbesondere für die Ausführungen von Fritz Scheler aus Göttingen, von dem 1960 eine Arbeit in der *Deutschen Medizinischen Wochenschrift* erschien [32]. Scheler hat damals schon seinen Blick auf die Nebenwirkungen gerichtet und stellte heraus, daß die Therapie mit Ajmalin besonders nebenwirkungsarm sei (Abb. 2, S. 19). Ich habe 1960 noch einmal mit meinem Mitarbeiter E. Völkner in der *Münchener Medizinischen Wochenschrift* eine Arbeit über unsere weiteren Untersuchungen und Erfahrungen mit Ajmalin – auch zur eventuellen Prophylaxe von Rhythmusstörungen bei Herzkatheteruntersuchungen veröffentlicht [22], und 6 Jahre nach der Einführung noch einmal in der *Medizinischen Klinik* einen Überblick über weitere Erfahrungen gegeben [20]. Ebenso verglich ich 1962 mit Straubing in der *Klinischen Wochenschrift* [21] eine mögliche negative Inotropie von Ajmalin mit Procainamid und veröffentlichte ebenfalls in dieser Zeitschrift eine Arbeit über das Verhalten des Serumspiegels nach i. v.-Injektion von Ajmalin [19]. Bereits 1961 hatten wir eine kolorimetrische Methode zur Ajmalinbestimmung aufgezeigt und die Ausscheidung von Ajmalin bei verschiedenen Applikationsformen gemessen [18].

Bis 1962 war ich Lehrstuhlinhaber für innere Medizin an der Universität Jena. So wurde seinerzeit das Präparat in Vereinbarung mit Giulini, Ludwigshafen, auch in der DDR eingeführt. Produzent war das Arzneimittelwerk Dresden.

Nachdem 20 Jahre vorher keine entscheidenden Änderungen in der Arrhythmietherapie eingetreten waren, haben die Präparate Gilurytmal und Neo-Gilurytmal eine entscheidende Bereicherung der Therapiemöglichkeiten mit sich gebracht. Wir verfügen heute für Ajmalin bereits über eine 30jährige Erfahrung – eine sehr lange Frist für ein spezifisch eingreifendes Arzneimittel.

Die speziellen Weiterentwicklungen auf dem Gebiet der Herzrhythmusstörungen in den letzten beiden Jahrzehnten sollen hier nicht im einzelnen aufgezeigt werden. Entscheidend abhängig waren die Möglichkeiten der Weiterentwicklung natürlich von der immer weiter differenzierten Arrhythmiediagnostik am Menschen, während sich die experimentelle pharmakologische Methodik zunächst grundsätzlich nicht änderte. So ist es auch zu verstehen, daß der antiarrhythmische Effekt von Verapamil erst Ende der 60er Jahre von H. Bender in der Klinik entdeckt wurde, nachdem der erste Kalziumantagonist zunächst nur als Koronartherapeutikum eingeführt

wurde. Die bei Ajmalin im Zusammenhang mit der parenteralen Verabreichung nicht ohne unliebsame Zwischenfälle gesammelten Erfahrungen führten zu einer besonderen, langsamen Injektionstechnik zur Vermeidung
schwerer Risiken. Dies kam dann auch später entwickelten Antiarrhythmika
zugute.

Erst in den vergangenen 10–15 Jahren konnte dann das Spektrum der
Antiarrhythmika, differenziert nach der elektrophysiologischen Gruppie-
rung von Lown, wesentlich erweitert werden. Auch in dieser Zeit war ich an
der Entwicklung von Verapamil, Propafenon, Gallopamil sowie der fixen
Kombination von Chinidin und Verapamil beteiligt. Diese Forschungsarbei-
ten auf dem Gebiet der Arrhythmiebehandlung, ihre Erfolge, Rückschläge
und die heutige Wertung der Ergebnisse sind jedem Kardiologen bekannt
(u. a. [29–31]).

Selbstverständlich müssen auch negative Aspekte in Form von unerwünschten Wirkungen in eine Wertung einbezogen werden. So sorgten auch
die ersten kasuistischen Berichte über das Auftreten von Cholestasen für
Beunruhigung, zumal deren toxische oder allergologische Verursachung zunächst unklar war. Das Auftreten dieser Symptomatik auch bei anderen
Antiarrhythmika mit chemisch nicht vergleichbarer Struktur sprach von
vornherein gegen eine spezifische toxische Genese. Die 50er Jahre, an deren
Ende Ajmalin in die Kardiologie eingeführt wurde, stellen rückblickend gesehen die fruchtbarste und erfolgreichste Periode neuer Arzneimittelentwick-
lungen in der Geschichte der Medizin dar.

In der Therapie hängt die Nutzen-Risiko-Abwägung eines Arzneimittels
auch von der Dauer und Breite der ärztlichen Erfahrungen ab. Ajmalin
nimmt als 1. Wirkstoff einer neuen Generation von Antiarrhythmika in
dieser Beziehung unangefochten eine Spitzenstellung ein.

Literatur

1. Assmann H, Beckmann K, Bergmann G von et al. (1942) Lehrbuch der inneren Medizin,
   5. Aufl. Springer, Berlin
2. Bijlsma UG, Dongen K van (1939) Pharmakologische Untersuchungen mit Ajmalin. Erg
   Physiol 41:1–27
3. Creutzfeldt W, Heidenreich O (1986) Heilmeyer's Rezepttaschenbuch, 15. Aufl. Fischer,
   Stuttgart
4. Friedberg CK (1959) Erkrankungen des Herzens. Thieme, Stuttgart
5. Geuing A, Kemper HD (1956) Die Beeinflussung experimentell erzeugter Arrhythmien
   durch herzwirksame pflanzliche Stoffe. Arch Int Pharmacodyn Ther 107:255
6. Heilmeyer L (1950) Rezepttaschenbuch, 8. Aufl. Fischer, Jena
7. Heilmeyer L (1956) Rezepttaschenbuch, 10. Aufl. Fischer, Stuttgart
8. Heilmeyer L (1960) Rezepttaschenbuch, 11. Aufl. Fischer, Stuttgart
9. Heilmeyer L (1966) Rezepttaschenbuch, 12. Aufl. Fischer, Stuttgart
10. Holzmann M (1968) Herzrhythmusstörungen. In: Wiener Symposium, 15./16. März 1968.
    Schattauer, Stuttgart New York
11. Heilmeyer L (1972) Rezepttaschenbuch, 13. Aufl. Fischer, Stuttgart
12. Holzmann M (1976) Herzrhythmusstörungen – historischer Überblick. Schweiz Med Wo-
    chenschr 106:597–601

13. Kleinsorge H (1958) Antiarrhythmischer Effekt des Ajmalin. (Vortrag auf Rauwolfia-Symposium, Velden)
14. Kleinsorge H (1959) Antiarrhythmische Wirksamkeit von Ajmalin. Verh Dtsch Ges Inn Med 65:586–588
15. Kleinsorge H (1959) Klinische Untersuchungen über die Wirkungsweise des Rauwolfia-Alkaloids Ajmalin bei Herz-Rhythmusstörungen, insbesondere der Extrasystolie. Med Klin 54:409–416
16. Kleinsorge H (1969) Zur parenteralen Ajmalintherapie in der Praxis. Med heute 18:175–178
17. Kleinsorge H, Gaida P (1961) Eine colorimetrische Bestimmungsmethode von kleinen Mengen Ajmalin in pharmazeutischen Präparaten. Pharmazie 16:132–135
18. Kleinsorge H, Gaida P (1961) Ausscheidungsmengen und -geschwindigkeiten des Rauwolfia-Alkaloids Ajmalin nach verschiedenen Applikationsformen. Arzneimittelforsch 11:1100–1102
19. Kleinsorge H, Gaida P (1962) Das Verhalten des Serumspiegels nach intravenöser Injektion von Ajmalin. Klin Wochenschr 40:149–151
20. Kleinsorge H, Seifert A (1965) Sechs Jahre Ajmalin in der Therapie der Herzrhythmusstörungen. Med Klin 60:825–829
21. Kleinsorge H, Straubing S (1960) Vergleichende Untersuchungen der inotropen Wirkung von Ajmalin und Procainamid. Klin Wochenschr 38:290–292
22. Kleinsorge H, Völkner E (1960) Behandlungen von Herzrhythmusstörungen mit dem Rauwolfia-Alkaloid Ajmalin. MMW 102:2353–2357
23. Kleinsorge H, Völkner E (1963) Treatment of disorders of the cardiac rhythm with Rauwolfia Alkaloid Ajmaline. Egypt Med Assoc 7:665–674
24. Kleinsorge H, Wittig HH (1952) Einfluß von Tetraäthylammoniumbromid auf Herz und Kreislauf. Z Gesamte Inn Med Grenzgeb 7:727–736
25. Kleinsorge H, Wittig HH (1954) Die Gesamtalkaloide aus Rauwolfia serpentina in der Hochdrucktherapie. Die Medizinische 1086–1089
26. Kleinsorge H, Wittig HH (1957) Indikation und Grenzen der Rauwolfiatherapie bei Herz- und Kreislauferkrankungen. MMW 99:1946–1950
27. Knipping HW, Loosen H (1957) Taschenbuch der Herz- und Kreislauftherapie, 2. Aufl. Enke, Stuttgart
28. Kovách AGB, Földi M, Kleinsorge H, Papp M, Koltay E (1959) Die Wirkung einzelner kristallisierter Reinalkaloide der Rauwolfia serpentina sowie des Rauwopurs auf die cerebrale Hämodynamik und den Blutdruck im Tierversuch. Naunyn-Schmiedeberg's Arch Pharmacol 235:301–311
29. Lüderitz B (1981) Therapie der Herzrhythmusstörungen. Springer, Berlin Heidelberg New York
30. Lüderitz B (1989) Therapie mit Antiarrhythmika. Bayerische Internist 9:7–15
31. Lüderitz B, Antoni H (1988) Perspektiven der Arrhythmie-Behandlung. Springer, Berlin Heidelberg New York Tokyo
32. Scheler F, Schröder R, Brahms O (1960) Erfahrungen mit Ajmalin bei der Behandlung von Rhythmusstörungen des Herzens. Dtsch Med Wochenschr 85:1536–1540
33. Siddiqui S, Siddiqui SA (1931) The alkaloids of Rauwolfia serpentina, Benth. Part I. I Indian Chem Soc 9:544
34. Siddiqui S, Siddiqui SA (1935) The alkaloids of Rauwolfia serpentina, Benth. Part II. I Indian Chem Soc 12:37–47
35. Sturm A (1943) Grundbegriffe der Inneren Medizin. Fischer, Jena
36. Wenckebach KF, Winterberg H (1927) Die unregelmäßige Herztätigkeit. Thieme, Leipzig
37. Wittmaack T (1857) Beiträge zur rationellen Therapie. Hirschwald, Berlin
38. Zipf K (1957) Zur Pharmakologie Blutdruck-wirksamer Rauwolfia-Alkaloide. Arzneimittelforsch 7:475–477

Pharmakokinetik und Pharmakogenetik der Antiarrhythmika Encainid, Flecainid, N-Propylajmalin und Propafenon

M. Eichelbaum, E. Hardtmann, H. Kroemer, K. Mörike

Die Geschwindigkeit, mit der ein Arzneimittel aus dem Organismus eliminiert wird, bestimmt wesentlich die Intensität und Dauer der pharmakologischen und therapeutischen Wirkungen. Für die Mehrzahl der Arzneimittel stellt deren oxidative Biotransformation durch die Zytochrom-P450-Isozyme der Leber den entscheidenden Eliminationsprozeß dar.

Interindividuelle Unterschiede in der Aktivität der durch Zytochrom-P450-Enzyme katalysierten Biotransformationsprozesse bedingen nach Gabe der gleichen Dosis eines Arzneimittels erhebliche interindividuelle Unterschiede in dessen Plasmakonzentrationen und damit der therapeutischen Wirkung. Daraus folgt, daß die Dosis eines Arzneimittels erheblich variiert werden muß, um den gleichen therapeutischen Effekt zu erzielen.

Das pharmakokinetische Verhalten der Klasse-I-Antiarrhythmika Encainid, Flecainid, Propafenon und N-Propylajmalin ist durch eine erhebliche interindividuelle Variabilität charakterisiert. Diese interindividuelle Variabilität in der Pharmakokinetik ist darauf zurückzuführen, daß der Metabolismus dieser 4 Antiarrhythmika einen genetischen Polymorphismus aufweist (Tabelle 1). Ein genetischer Polymorphismus ist ein monogen vererbtes Merkmal, das in der Bevölkerung in mindestens 2 Phänotypen – und damit mindestens 2 Genotypen – existiert, wobei keiner der Phänotypen (Genotypen) mit einer Häufigkeit von weniger als 1–2% vorkommt. Der Metabolismus dieser Antiarrhythmika kosegregiert mit dem Spartein/Debrisoquin-Polymorphismus [6]. Molekularbiologisch ist der Spartein/Debrisoquin-Polymorphismus darauf zurückzuführen, daß aufgrund von Genmutationen das Zytochrom-P450-Isozym (P450 db1), das den Abbau von Spartein und Debrisoquin sowie dieser Antiarrhythmika katalysiert, nicht oder nur in geringen Mengen gebildet wird. Bisher konnten 3 Mutationen des Gens, das die Synthese des Zytochrom P450 db1 reguliert, nachgewiesen werden [11, 26, 30]. Das Gen befindet sich auf dem langen Arm des Chromosom 22 in enger Kopplung mit der Blutgruppe P1 und dem SIS Proonkogen [7]. Diese unterschiedlichen Genotypen finden ihre phänotypische Ausprägung in lediglich 2 Phänotypen, dem Metabolisierer- („extensive metaboliser", EM) und dem defizienten Metabolisiererphänotyp („poor metaboliser", PM). Die Zuordnung zu einem Phänotyp erfolgt über die Bestimmung des sog. metabolischen Quotienten für Spartein oder Debrisoquin. Dieser metabolische Quotient für Spartein zeigt in der europäischen Bevölkerung eine bimodale Verteilung.

Prof. Dr. M. Eichelbaum, Dr. Margarete Fischer-Bosch-Institut für Klinische Pharmakologie, Auerbachstr. 112, 7000 Stuttgart 50

Tabelle 1. Pharmakokinetische Parameter von N-Propylajmalin, Flecainid, Propafenon und Encainid (ohne Berücksichtigung stereoselektiver Disposition) bei Metabolisierern (*EM*) und defizienten Metabolisierern (*PM*). $t_{1/2}$ terminale Plasmaeliminationshalbwertzeit, *AUC* Fläche unter der Plasmakonzentrations-Zeit-Kurve, *Cl* apparente orale Clearance, *NI* Niereninsuffizienz, *nNF* normale Nierenfunktion

Substanz	Phäno-typ	$t_{1/2}$ [h]	AUC [ng/ml · h]	Cl [ml/min/kg]	Dosis [mg] p.o.	Referenz
N-Propyl-	EM	6,0	1 359 ± 575	8,3 ± 4,3	40	[Achtert, G.]
ajmalin	PM	26,0	7 575	1,38	40	[Achtert, G.]
	EM (NI)	7,4 ± 3,3	3 726 ± 1 478	3,03 ± 1,48	40	[Achtert, G.]
	PM (NI)	45,9	30 551	0,26	40	[Achtert, G.]
Flecainid	EM	6,8	860 ± 256	16,3 ± 5,00	50[a]	[18]
	PM	11,8	1 462 ± 407	8,95 ± 2,03	50[a]	[18]
	(nNF)		5 864 ± 1 837	621 ± 204[b]	200	[4]
	(NI)		11 803 ± 7 991	418 ± 281[b]	200	[4]
Propafenon	EM	5,5		1 100[b]	150	[25]
	PM	17,2		260[b]	150	[25]
Encainid	EM	2,7 ± 1,0		1,4 ± 0,7[c]	25	[27]
	PM	9,1 ± 2,1		0,17 ± 0,06[c]	25	[27]
	EM (NI)	1,5 ± 0,5		2,7 ± 1,2[c]	25	[27]

[a] Bei saurem Urin-pH und konstantem Urinfluß.
[b] Dimension von Cl: ml/min.
[c] Dimension von Cl: l/min.

Alle Individuen, die einen metabolischen Quotienten > 20 für Spartein aufweisen, sind defiziente Metabolisierer. Die Häufigkeit des Phänotyps PM in der europäischen Bevölkerung beträgt zwischen 5 und 10 %. Bei einer Häufigkeit des Phänotyps von 7 % in der deutschen Bevölkerung sind somit ca. 4 Millionen von diesem Defekt betroffen. Neben Spartein und Debrisoquin und den Antiarrhythmika Encainid, Flecainid, Propafenon und N-Propylajmalin unterliegt der Metabolismus von ca. 20 weiteren Arzneimitteln der gleichen genetischen Kontrolle. Die eingeschränkte Metabolisierungskapazität ist bei defizienten Metabolisierern nur auf jene Arzneimittel beschränkt, die durch dieses spezielle P450-Isozym abgebaut werden. Der Stoffwechsel anderer Arzneimittel, die durch andere P450-Isozyme abgebaut werden, ist normal [6].

Inwieweit dieser genetische Polymorphismus im Stoffwechsel der 4 Antiarrhythmika von Relevanz für die Therapie und das Auftreten von Nebenwirkungen sein kann, ist zur Zeit Gegenstand von Untersuchungen. Festzuhalten ist jedoch, daß die von den Herstellern empfohlenen Dosierungen, die lediglich um den Faktor 2–3 variieren, den Gegebenheiten nicht gerecht werden. Im Hinblick auf die genetisch bestimmte erhebliche interindividuelle Variabilität im Metabolismus ist davon auszugehen, daß bei den empfohlenen Dosierungen PM-Patienten eine zu hohe Dosis und besonders schnelle Metabolisierer eine zu niedrige Dosis erhalten.

Im Gegensatz zur In-vitro-Situation, bei der man eine Beziehung zwischen der Konzentration der Antiarrhythmika und der Wirkung beobachtet, ist diese Beziehung in vivo nicht immer nachzuweisen. Dies ist nicht darauf zurückzuführen, daß die in vitro gefundene Beziehung in vivo nicht mehr gültig ist, sondern eine Reihe von Faktoren die Konzentrations-Wirkungs-Kurve beeinflussen können. Die Antiarrhythmika Encainid, Flecainid, Propafenon sind Razemate, N-Propylajmalin ein Diastereoisomerengemisch. Da sich Stereoisomere in Wirkung und Kinetik häufig unterscheiden, sind Aspekte der Stereoselektivität von Wirkung und Metabolismus bei der Interpretation der Konzentrations-Wirkungs-Beziehungen zu beachten. Darüber hinaus ist es für das Verständnis der Beziehung von Konzentration und Wirkung unabdingbar, daß geprüft wird, inwieweit Metabolite therapeutisch wirksam sind.

Dabei sind 3 Szenarien vorstellbar:

1) Es ist nur das unveränderte Arzneimittel wirksam, Metabolite besitzen keine antiarrhythmische Wirkung. Hinsichtlich der antiarrhythmischen Wirksamkeit sind die Enantiomere bzw. Diastereoisomere vergleichbar. Diese Situation trifft für Flecainid und N-Propylajmalin zu.
2) Das unveränderte Arzneimittel und Metabolite sind antiarrhythmisch wirksam. Hinsichtlich der Wirksamkeit bzw. bestimmter pharmakologischer Eigenschaften unterscheiden sich die beiden Enantiomere. Diese Situation liegt beim Propafenon vor.
3) Das unveränderte Arzneimittel hat nur eine geringe Wirkung, die Metabolite sind wesentlich stärker antiarrhythmisch wirksam. Zudem bestehen auch qualitative Unterschiede im Wirkspektrum der Metaboliten (Beispiel Encainid).

Unverändertes Arzneimittel ist wirksam
(Flecainid: Tambocor®; N-Propylajmalin: Neo-Gilurytmal®)

Flecainid (Tambocor®)

Flecainid, ursprünglich als fluoriertes Analogon von Procainamid als Lokalanästhetikum synthetisiert, war das erste in den USA zugelassene Antiarrhythmikum der Gruppe 1c.

Pharmakologisches Profil

Flecainid wird therapeutisch als Razemat eingesetzt. R- und S-Flecainid unterscheiden sich in vitro nicht in ihren antiarrhythmischen Wirkungen. Flecainid reduziert die Geschwindigkeit des schnellen Natriumeinstroms während der Depolarisation. Die Dauer des Aktionspotentials wird in Purkinje-Fasern verkürzt, im Herzmuskel jedoch verlängert. Diese unterschiedliche Beeinflussung des Aktionspotentials in Purkinje-System und Herzmus-

kel wird als ein Mechanismus für die proarrhythmische Wirkung an Flecainid diskutiert. Im Oberflächen-EKG führt die Substanz konzentrationsab-
hängig zu einer Verlängerung der PQ-Zeit und des QRS-Komplexes. Die
QT_c-Dauer wird nicht beeinflußt [1, 13, 19, 21].

Metabolismus und Pharmakokinetik

Das kinetische Verhalten der Substanz ist dadurch charakterisiert, daß bis zu
50 % der Dosis als unveränderter Wirkstoff im Urin ausgeschieden werden.
Die renale Elimination des Flecainid ist abhängig vom Urin-pH und Urinfluß. Die O-Dealkylierung zum meta-O-Desalkylflecainid und die Bildung
eines meta-O-Desalkylflecainid Laktam stellen die wichtigsten Metabolite im
Abbau des Flecainid dar (Abb. 1). Beide Metabolite werden als Konjugate
ausgeschieden und dürften somit an der antiarrhythmischen Wirkung der
Substanz nicht beteiligt sein [16]. In kürzlich von Beckmann et al. [3] und
Mikus et al. [18] durchgeführten Untersuchungen konnte gezeigt werden,
daß der Flecainidmetabolismus durch den Spartein/Debrisoquin-Polymor-
phismus kontrolliert wird. Defiziente Metabolisierer weisen im Vergleich zu
Metabolisierern eine deutlich verringerte Halbwertszeit und herabgesetzte
Clearance auf (Abb. 2). Bis zu 80 % der Dosis werden beim PM als unverän-
dertes Flecainid renal eliminiert. Hinsichtlich der renalen Clearance des Flecainid bestehen zwischen beiden Phänotypen keine Unterschiede. Bis zu
10fache Unterschiede zwischen Metabolisierern und defizienten Metabolisie-

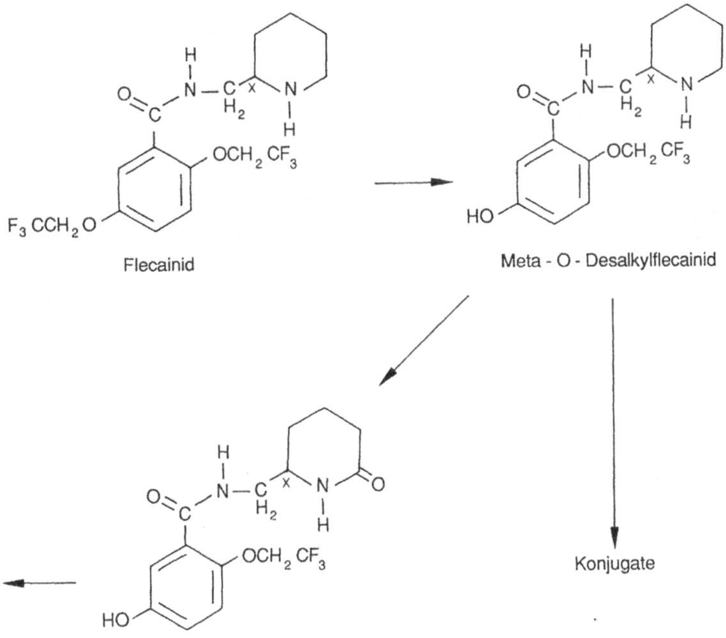

Abb. 1. Strukturformel von Flecainid und seinen Hauptmetaboliten

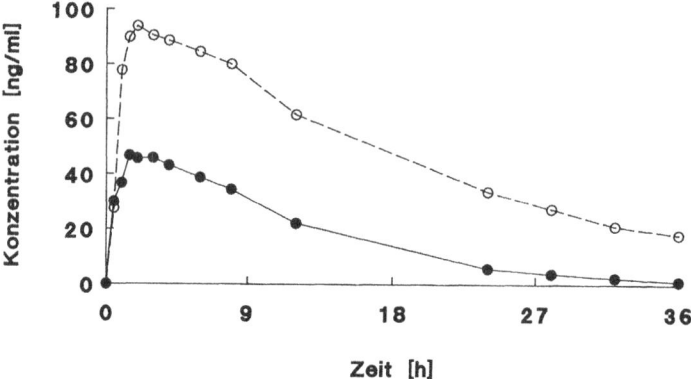

Abb. 2. Flecainidplasmakonzentrationen nach oraler Gabe von 50 mg Flecainidacetat bei einem Metabolisierer (●—●) und einem defizienten Metabolisierer (○—○)

rern finden sich jedoch in der metabolischen Clearance [3, 18]. Bei Patienten mit Niereninsuffizienz, Leberzirrhose und Herzinsuffizienz ist die Elimination ebenfalls erheblich eingeschränkt [4, 5, 8, 17, 20]. Hinsichtlich des pharmakokinetischen Verhaltens von R- und S-Flecainid werden bei EMs keine Unterschiede beobachtet. Bei PMs weist die Disposition eine gewisse Stereoselektivität auf. Das R-Enantiomer hat eine längere Halbwertszeit und niedrigere Clearance als das S-Enantiomer. Diese genetisch determinierten Unterschiede im Metabolismus sind bei normaler Nierenfunktion bei PMs von geringer Bedeutung, da als Eliminationsweg die renale Ausscheidung der Ausgangssubstanz zur Verfügung steht. Von Relevanz wird die eingeschränkte Metabolisierungskapazität bei eingeschränkter Nierenfunktion. Beim Metabolisierer stellt die Biotransformation des Flecainid durch die arzneimittelabbauenden Enzyme der Leber bei eingeschränkter Nierenfunktion den entscheidenden Eliminationsweg dar. Eine Reduktion der Dosis um ca. 30 % ist in diesem Falle ausreichend, um eine Kumulation der Substanz zu vermeiden. Im Falle der defizienten Metabolisierer mit eingeschränkter Nierenfunktion steht dieser alternative Eliminationsweg aufgrund des Metabolisierungsdefekts nur noch in erheblich eingeschränktem Umfang zur Verfügung. Wird bei diesen Patienten die Dosis nur dem Grad der Nierenfunktionsstörung angepaßt, kommt es zu einer Kumulation des Flecainid, die das Ausmaß der Nierenfunktionseinschränkung bei weitem überschreitet. Die Konzentrationen liegen oberhalb des therapeutischen Bereichs, der mit 300 – 750 ng/ml angegeben wird. Diese Kumulation ist insofern von Relevanz, als kardiovaskuläre Nebenwirkungen eindeutig abhängig von der Flecainidplasmakonzentration sind. Plasmakonzentrationen oberhalb des therapeutischen Bereichs können proarrhythmische Wirkungen hervorrufen [21].

N-Propylajmalin (Neo-Gilurytmal®)

Pharmakologisches Profil

N-Propylajmalin (NPAB) reduziert die Geschwindigkeit des schnellen Na^+-Einstroms während der Depolarisation. Es führt nur zu einer geringfügigen Verlängerung der Aktionspotentialdauer [29].

Metabolismus und Pharmakokinetik

NPAB wird nach oraler Gabe nahezu vollständig resorbiert (Abb. 3). Die biologische Verfügbarkeit beträgt ca. 70 %. N-Propylajmalin wird ausgiebig verstoffwechselt, da weniger als 5 % der applizierten Dosis als unveränderte Substanz im Urin ausgeschieden werden. Die Pharmakokinetik ist durch eine erhebliche interindividuelle Variabilität charakterisiert. Nach Gabe der gleichen Dosis von 60 mg täglich beobachteten Schwartzkopff et al. [24] bei 20 Patienten 2 h nach Gabe von NPAB-Konzentrationen, die zwischen 40 und 1000 ng/ml schwankten. Untersuchungen von Zekorn et al. konnten in der Folge zeigen, daß genetisch determinierte Unterschiede im Metabolismus der Substanz für diese Variabilität verantwortlich sind [31]. Der Metabolismus des NPAB wird durch den Spartein/Debrisoquin-Polymorphismus kontrolliert. Hinsichtlich Halbwertszeit und Clearance beobachtet man erhebliche Unterschiede zwischen Metabolisierern und defizienten Metabolisierern. Aufgrund des mehr als 10fachen Unterschieds in der Clearance ist davon auszugehen, daß die Dosis in Abhängigkeit vom Metabolisiererphänotyp um mindestens den Faktor 10 variiert werden muß, um vergleichbare Plasmakonzentrationen zu erzielen.

In eigenen Untersuchungen lagen die NPAB-Konzentrationen, die mehr als 70 % der ventrikulären Extrasystolen (VES) supprimierten, zwischen 70 und 200 ng/ml. Mit der empfohlenen Tagesdosis von 40–80 mg werden diese Konzentrationen beim defizienten Metabolisierer bei weitem überschritten. Bei einem Teil der Patienten, die phänotypische Metabolisierer sind, ist diese Dosis nicht ausreichend, um antiarrhythmisch wirksame Konzentrationen während des gesamten Dosisintervalls aufrechtzuerhalten.

Da der metabolische Abbau den Haupteliminationsweg für die Ausscheidung der Substanz aus dem Organismus darstellt, wäre eine Kumulation bei Patienten mit eingeschränkter Nierenfunktion beim Metabolisiererphänotyp

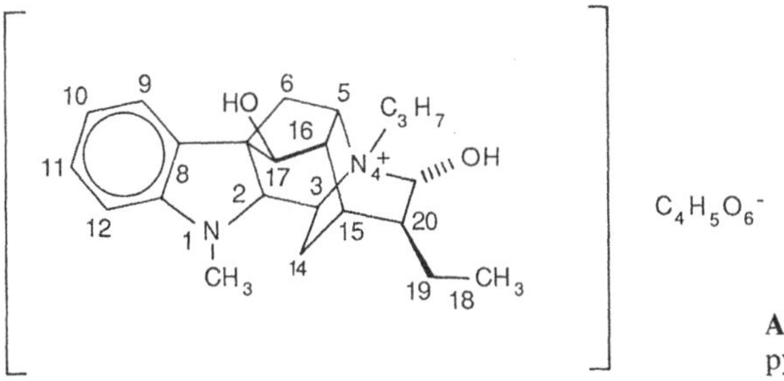

Abb. 3. Strukturformel von N-Propylajmalin-Bitartrat

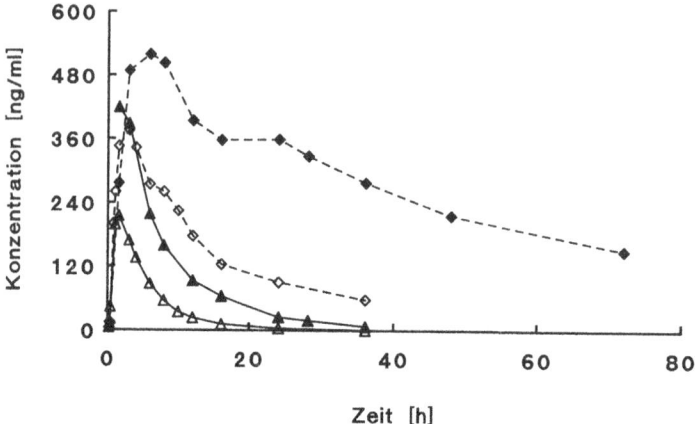

Abb. 4. N-Propylajmalinplasmakonzentrationen bei Metabolisierern mit normaler (△) und ein-geschränkter Nierenfunktion (▲) und einem defizienten Metabolisierer mit normaler (◇) und eingeschränkter (◆) Nierenfunktion nach oraler Gabe von 40 mg N-Propylajmalinbitartrat. (Nach persönlicher Mitteilung von Achtert et al.)

nicht zu erwarten. Überraschenderweise beobachtet man jedoch bei Patien-ten mit eingeschränkter Nierenfunktion (Kreatininclearance 20–45 ml/min) eine Verlängerung der Halbwertszeit und eine deutliche Reduktion der Clearance um ca. 60 % im Vergleich zu nierengesunden Patienten. Noch dramatischer sind die Veränderungen bei defizienten Metbolisierern mit ein-geschränkter Nierenfunktion. Hier kommt es zu einer Verlängerung der Halbwertszeit auf ca. 2 Tage und einer Abnahme der Clearance auf bis zu 3 % der Werte, die beim nierengesunden Metabolisiererphänotyp zu beobachten sind (persönliche Mitteilung von Achtert et al.; Abb. 4).

Hinsichtlich der Stereoselektivität der Disposition beobachtet man deut-liche Unterschiede im Verhalten der i- und n-Diastereoisomere, phänotypisch erheblich differierend. Bei Metabolisierern wird bevorzugt das i-Diastereoiso-mer verstoffwechselt, so daß das Verhältnis von n- zu i-Diastereoisomeren im Plasma ca. 5 beträgt. Im Gegensatz dazu sind defiziente Metabolisierer nicht nur durch höhere Plasmakonzentrationen und eine längere Halbwertszeit für diese beiden Diastereoisomere charakterisiert, sondern auch durch einen Verlust der stereoselektiven Komponente im Metabolismus [31]. Diese Unter-schiede in der Stereoselektivität des Metabolismus sind allerdings für die antiarrhythmische Wirkung nicht von Belang, da hinsichtlich der antiar-rhythmischen Wirksamkeit zumindest in vitro keine Unterschiede zwischen den beiden Diastereoisomeren festzustellen sind.

Die genetisch determinierten Unterschiede im Metabolismus bedingen, daß die Dosis in Abhängigkeit vom Metabolisiererphänotyp erheblich vari-iert werden muß, um vergleichbare Steady-state-Plasmakonzentrationen zu erzielen. Patienten, die defiziente Metabolisierer sind, erreichen nach Gabe von 1mal 20 mg/Tag Steady-state-Plasmakonzentrationen von ca. 200 ng/ml. Bei Metabolisierern ist eine Dosis von 200–300 mg/Tag erforderlich, um vergleichbare Plamakonzentrationen zu erzielen. Von erheblicher Bedeutung ist der Metabolisiererphänotyp bei Patienten mit eingeschränkter Nierenfunktion. Da defiziente Metabolisierer mit eingeschränkter Nierenfunktion im Vergleich zu nierengesunden Patienten des Phänotyps Metabolisierer nur 3 % der Clearance aufweisen, werden nach täglicher Gabe von 20 mg Steadystate-Plasmakonzentrationen von ca. 800 ng/ml erzielt. Im Falle solcher Patienten ist deshalb die Dosis auf 5 mg/Tag zu reduzieren. Eigene zur Zeit laufende Untersuchungen zeigen, daß die Bestimmung des metabolischen Quotienten eine Abschätzung der erforderlichen Dosis erlaubt.

Unverändertes Arzneimittel und Metabolite sind antiarrhythmisch wirksam (Propafenon: Rytmonorm®)

Propafenon ist in Deutschland seit 1978 als Rytmonorm im Handel. Spätestens seit der CAST-Studie gehört es zu den am meisten verwendeten Antiarrhythmika. Die Zulassung in den Vereinigten Staaten erfolgte Ende 1989.

Pharmakologisches Profil

In-vitro-Studien zeigten, daß sowohl Propafenon als auch die Hauptmetabolite 5-Hydroxypropafenon und N-Desalkylpropafenon (Abb. 5) vergleichbar antiarrhythmisch wirksam sind [12]. Propafenon ist als Razemat im Handel. R- und S-Propafenon unterscheiden sich in vitro bezüglich der Hemmung des schnellen Natriumeinstroms in der Phase 0 des Aktionspotentials nicht [14].

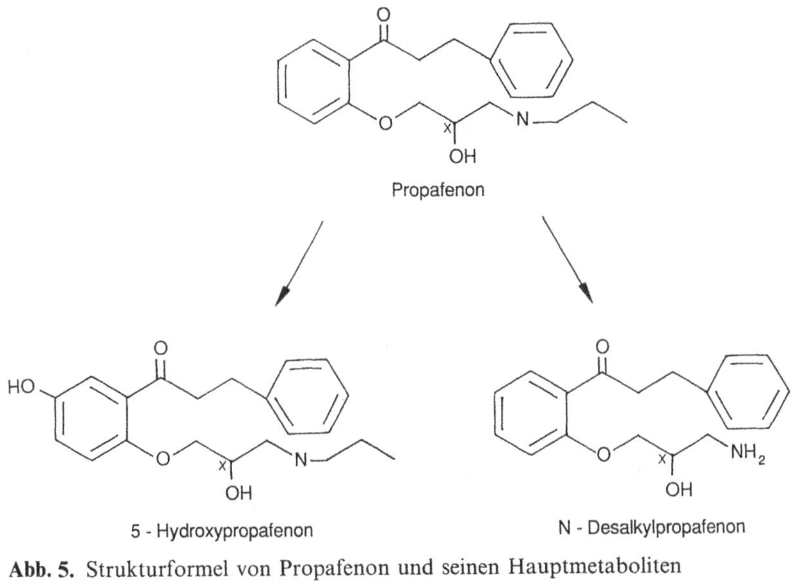

Abb. 5. Strukturformel von Propafenon und seinen Hauptmetaboliten

Propafenon zeigt strukturelle Ähnlichkeiten mit dem β-Blocker Propranolol. Die β-blockierende Wirkstärke von Propafenon beträgt etwa 5 % von der des Propranolol. Hinsichtlich der β-blockierenden Eigenschaften ist (+)-S-Propafenon ca. 100mal wirksamer als (−)-R-Propafenon [14]. In vitro zeigte sich zusätzlich bei hohen Konzentrationen ein kalziumantagonistischer Effekt, dessen klinische Relevanz (negative Ionotropie) nicht geklärt ist.

Metabolismus und Pharmakokinetik

Siddoway et al. haben zeigen können, daß der Metabolismus von Propafenon mit dem Spartein-Debrisoquin-Polymorphismus kosegregiert. Bei defizienten Metabolisierern (PM) sind die Propafenonplasmakonzentrationen 10- bis 20fach höher als bei Metabolisierern (EM). Beim EM-Phänotyp werden erheblich kürzere Halbwertszeiten und eine höhere Clearance als bei PM für die Ausgangssubstanz beobachtet [25]. Die Hauptwege des Propafenonmetabolismus sind die 5-Hydroxylierung und N-Dealkylierung. Es erhebt sich die Frage, welcher dieser Stoffwechselwege durch den Polymorphismus betroffen ist. In-vitro-Untersuchungen an humanen Lebermikrosomen haben gezeigt, daß lediglich die 5-Hydroxylierung von Propafenon, nicht aber die N-Dealkylierung von dem genetischen Polymorphismus betroffen ist [15]. Defiziente Metabolisierer bilden den antiarrhythmisch wirksamen Metaboliten 5-Hydroxypropafenon daher nicht.

Die Situation wird zusätzlich dadurch kompliziert, daß Propafenon einen stereoselektiven First-pass-Metabolismus aufweist. Die Bioverfügbarkeit für das S-Enantiomer ist größer als für das R-Enantiomer. Nach oraler Gabe wird ein S/R-Verhältnis der Propafenonplasmakonzentration von 1,7 beobachtet, d. h. in Relation zum S/R-Verhältnis von 1 im verabreichten razemischen Arzneimittel nimmt durch den stereoselektiven First-pass-Metabolismus der Anteil des für die β-Blockade verantwortlichen S-Enantiomers zu ([14]; Abb. 6). Außerdem ist das für die 5-Hydroxylierung verantwortliche P450 von seiner Kapazität her limitiert. Höhere Dosierungen bzw. chronische Gabe von Propafenon bedingt bei EM eine Sättigung des First-pass-Metabolismus, aus der eine nichtlineare Pharmakokinetik resultiert. Eine Erhöhung der Dosis führt zu einem überproportionalen Anstieg der Plasmakonzentrationen.

Klinische Konsequenzen des polymorphen Stoffwechsels von Propafenon

Da die antiarrhythmische Wirkung von Propafenon sowohl auf der Ausgangssubstanz als auch auf dem vom Polymorphismus betroffenen Metaboliten 5-Hydroxypropafenon beruht, ist zu erwarten, daß das Fehlen dieses aktiven Metaboliten beim PM-Phänotyp durch eine höhere Konzentration der Ausgangssubstanz ausgeglichen werden kann. Unterschiede hinsichtlich der antiarrhythmischen Wirksamkeit sind daher auf der Basis der In-vitro-Versuche nicht zu erwarten. Um diese Theorie zu überprüfen, führten Funck-

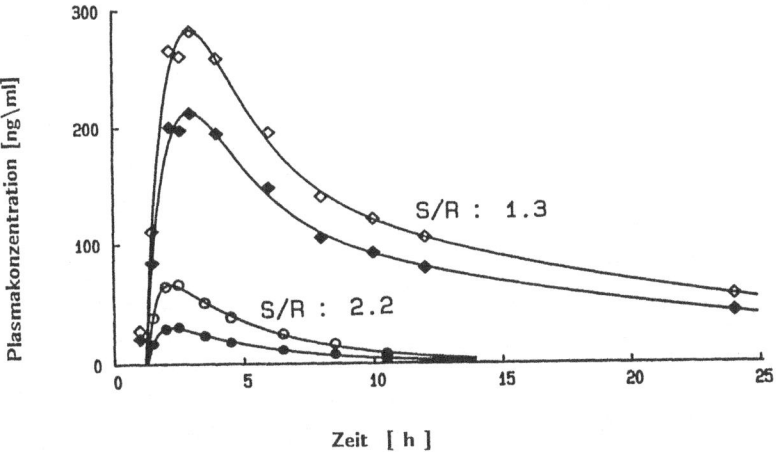

Abb. 6. Plasmakonzentrationen von (−)-R-(●/♦) und (+)-S-Propafenon (○/◇) nach oraler Gabe von 150 mg Propafenonrazemat bei einem Metabolisierer (●/○) und einem defizienten Metabolisierer (♦/◇)

Brentano et al. eine Interaktionsstudie von Propafenon mit Chinidin durch. Chinidin ist ein potenter Hemmstoff des für die 5-Hydroxylierung von Propafenon verantwortlichen P 450-Isozyms. Gleichzeitige Gabe von Chinidin und Propafenon schränkt daher die Bildung von 5-Hydroxypropafenon erheblich ein, was zu einem Anstieg der Propafenonplasmakonzentration beim EM-Phänotyp führt. Metabolisierer werden in einem solchen Versuchsansatz in phänotypisch defiziente Metabolisierer überführt („phenocopying") und die interindividuellen Schwankungen in der Pharmakokinetik minimiert. Hinsichtlich der antiarrhythmischen Wirkungen ergab sich kein Unterschied zwischen Propafenon allein und gleichzeitiger Gabe von Propafenon und Chinidin. Die Autoren ziehen den Schluß, daß zwischen den Phänotypen hinsichtlich der antiarrhythmischen Wirkung kein Unterschied besteht [10].

Eine andere Situation ergibt sich bei Betrachtung der Propafenonnebenwirkungen. Hier hatte Siddoway beschrieben, daß bezüglich der zentralnervösen Nebenwirkungen eine wesentlich höhere Inzidenz bei PM zu beobachten war. Eine weitere, häufig unerwünschte Nebenwirkung von Propafenon ist die β-Blockade. Der β-blockierende Effekt von Propafenon beruht ausschließlich auf dem S-Enantiomer der Ausgangssubstanz, nicht aber auf den Metaboliten. Da bei defizienten Metabolisierern aufgrund des Metabolisierungsdefekts und des stereoselektiven First-pass-Metabolismus das β-blockierende S-Enantiomer stärker als bei EM kumuliert, beobachtet man eine nennenswerte β-Blockade während Propafenontherapie vornehmlich beim PM, die sich in einer konzentrationsabhängigen Absenkung der Herzfrequenz niederschlägt. Zusammenfassend erscheint Propafenon ein Beispiel für eine Substanz zu sein, bei der die Bewertung der klinischen Konsequenzen der polymorphen Verstoffwechslung unterschiedlich für Wirkung und Nebenwirkung ist.

Die Metabolite sind antiarrhythmisch wirksam (Encainid)

Encainid wurde Anfang der 70er Jahre in den Vereinigten Staaten synthetisiert und dort 1987 zugelassen.

Pharmakologisches Profil

Encainid wird O-desmethyliert zum O-Desmethylencainid (ODE), das dann weiter zum Methoxy-O-desmethylencainid (MODE) verstoffwechselt wird. Ein für die Elimination weniger bedeutender Stoffwechselweg führt zum N-Desmethylencainid (NDE; Abb. 7). Encainid, ODE und MODE unterscheiden sich in In-vitro- und In-vivo-Experimenten in ihrer pharmakologischen Potenz erheblich. Bezüglich der Suppression des schnellen Natriumeinstroms in der Phase 0 des Aktionspotentials ist ODE etwa 10fach und MODE

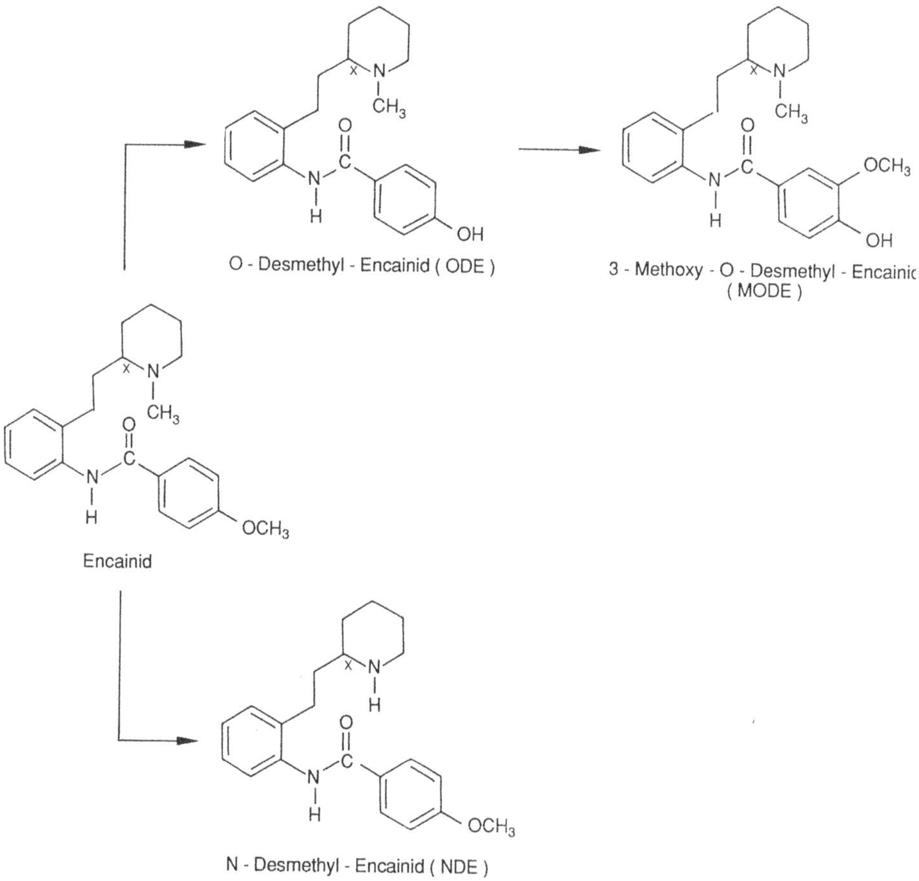

O - Desmethyl - Encainid (ODE)

3 - Methoxy - O - Desmethyl - Encainid (MODE)

Encainid

N - Desmethyl - Encainid (NDE)

Abb. 7. Strukturformel von Encainid und seinen Hauptmetaboliten

3fach potenter als Encainid. MODE wirkt zusätzlich hemmend auf die Repolarisation und hat somit antiarrhythmische Eigenschaften der Klasse III. Encainid ist als Razemat im Handel, und die Enantiomere unterscheiden sich nicht hinsichtlich ihrer Wirkung auf den schnellen Natriumeinstrom in In-vitro-Experimenten.

Klinische Relevanz der polymorphen Verstoffwechslung von Encainid

Die oben erwähnten In-vitro-Untersuchungen lassen erwarten, daß Encainid hauptsächlich als „prodrug" für ODE und MODE dienen würde. Da die Substanz hinsichtlich der Bildung von ODE und MODE dem gleichen Polymorphismus unterliegt wie die Verstoffwechslung von Spartein/Debrisoquin [28], wäre beim PM-Phänotyp durch die Abwesenheit der wirkungstragenden Metabolite ein schwächerer pharmakologischer Effekt als beim EM-Phänotyp zu erwarten. Dieses Problem wurde analog zum Propafenon in einer Interaktionsstudie mit Chinidin an gesunden Freiwilligen untersucht. Hierbei zeigt sich, daß unter Gabe von Encainid allein das QRS-Intervall signifikant verlängert war und diese Verlängerung mit den Plasmakonzentrationen von ODE korrelierte [9]. Gleichzeitige Gabe von Chinidin führte zur Hemmung des Encainidstoffwechsels. Die Plasmakonzentrationen von ODE waren wesentlich erniedrigt gegenüber dem Versuchsteil mit Encainid allein, und als Konsequenz war die QRS-Verlängerung praktisch aufgehoben [9]. Insoweit scheinen In-vivo- und In-vitro-Daten übereinzustimmen. Studien nach i.v.-Gabe von Encainid zeigten allerdings, daß eine Arrhythmiesuppression bereits einsetzt, bevor sich nennenswerte Mengen von Metaboliten gebildet haben. Hier könnte in Analogie zum Propafenon eine sehr hohe Encainidkonzentration das Fehlen der aktiven Metabolite ausgleichen. Die Bildung aktiver Metabolite, die wesentlich wirksamer als die Ausgangssubstanz sind und deren Bildung einem genetischen Polymorphismus unterliegt, bedeutet, daß eine Interpretation der Konzentrations-Wirkungs-Beziehung in Abhängigkeit vom Phänotyp erfolgen muß.

Zusammenfassung

Der Metabolismus der Klasse-I-Antiarrhythmika Encainid, Flecainid, N-Propylajmalin und Propafenon weist einen genetischen Polymorphismus auf, der mit dem Spartein/Debrisoquin-Polymorphismus kosegregiert. Dieser Polymorphismus manifestiert sich in der Bevölkerung in 2 Phänotypen, dem Metabolisierer und defizienten Metabolisierer. Defiziente Metabolisierer, die mit einer Häufigkeit von ca. 7 % in der deutschen Bevölkerung vorkommen, haben aufgrund einer Genmutation des Zytochrom-P450 db1, das diese Antiarrhythmika abbaut, eine erheblich eingeschränkte Metabolisierungskapazität. Diese genetisch bedingten Unterschiede im Stoffwechsel ziehen erhebliche interindividuelle Unterschiede in den Plasmakonzentrationen der 4 Antiarrhythmika nach sich. Um vergleichbare Plasmakonzentrationen zu erzielen, müßte die Dosis in Abhängigkeit vom Metabolisiererphänotyp um den Faktor 5–15 variiert werden. Die empfohlenen Dosierungen werden diesen Gegebenheiten nicht gerecht, da sie nur um den Faktor 2–3 variieren.

Bei der Interpretation des therapeutischen Bereichs ist die Bildung antiarrhythmisch wirksamer Metabolite und deren Aktivität in Relation zur Ausgangssubstanz zu berücksichtigen. Im Falle des Encainid ist der Hauptmetabolit O-Desmethylencainid ca. 10mal stärker antiarrhythmisch wirksam als die Ausgangssubstanz. 5-Hydroxypropafenon ist dem Propafenon vergleichbar antiarrhythmisch wirksam. Bei defizienten Metabolisierern werden aufgrund des Metaboliserungsdefekts im Falle des Propafenon und Encainid aktive Metabolite nicht oder nur in geringer Konzentration gebildet, so daß bei diesen Patienten der wirksame Konzentrationsbereich anders als bei Metabolisierern zu definieren ist.

Literatur

1. Banitt EH, Schmid JR, Newmark RA (1986) Resolution of flecainide acetate, N-(2-piperidylmethyl)-2,5-bis(2,2,2-trifluorethoxy)benzamide acetate and antiarrhythmic properties of the enantiomers. J Med Chem 29:299–301
2. Barbey JT, Thompson KA, Echt DS, Woosley RL, Roden DM (1988) Antiarrhythmic activity, electrocardiographic effects and pharmacokinetics of the encainide metabolites O-desmethyl-encainide and 3-methoxy-O-desmethylencainide in man. Circulation 77:380–391
3. Beckmann J, Hertrampf R, Gundert-Remy U, Mikus G, Gross AS, Eichelbaum M (1988) Is there a genetic factor in flecainide toxicity? Br Med J 297:1316
4. Braun J, Kollert JR, Becker JU (1987) Pharmacokinetics of flecainide in patients with mild to moderate renal failure compared with patients with normal renal function. Eur J Clin Pharmacol 31:711–714
5. Cavalli A, Maggioni AP, Marchi S, Volpi A, Latini R (1988) Flecainide half-life prolongation in 2 patients with congestive heart failure and complex ventricular arrhythmias. Clin Pharmacokinet 14:187–188
6. Eichelbaum M (1988) Genetic polymorphism of sparteine/debrisoquine oxidation. ISI Atlas of Sci 0890-9083:243–251
7. Eichelbaum M, Baur MP, Dengler HJ, Osikowska-Evers BO, Tieves G, Zekorn C, Rittner C (1987) Chromosomal assignment of human cytochrome P-450 (debrisoquine/sparteine type) to chromosome 22. Br J Clin Pharmacol 455–458
8. Forland SC, Burgess E, Blair AD et al. (1988) Oral flecainide pharmacokinetics in patients with impaired renal function. J Clin Pharmacol 28:259–267
9. Funck-Brentano C, Turgeon J, Woosley RL, Roden DM (1988) Reversal of encainide effects due to a genetically determined interaction with low dose quinidine. Circulation [Suppl III] 78:II-498
10. Funck-Brentano C, Kroemer HK, Pavlou H, Woosley RL, Roden DM (1989) Genetically determined interaction between propafenone and low dose quinidine: role of active metabolites in modulating net drug effect. Br J Clin Pharmacol 27:435–444
11. Gonzalez FR, Skoda RC, Kimura S et al. (1988) Characterization of the common genetic defect in humans deficient in debrisoquine metabolism. Nature 331:442–446
12. Häfeli W, Vozeh S, Ha HR, Oti K, Follath F (1988) Pharmacologic activity of 5-hydroxypropafenone, a major metabolite of propafenone in man. Clin Res 36:364A
13. Holmes B, Heel RC (1985) Flecainide: a preliminary review of its pharmacodynamic properties and therapeutic efficacy. Drugs 29:1–33

14. Kroemer H, Funck-Brentano C, Silberstein DJ, Wood AJJ, Eichelbaum M, Woosley RL, Roden DM (1989) Stereoselective disposition and pharmacological activity of propafenone enantiomers. Circulation 79:1068–1076
15. Kroemer H, Mikus G, Kronbach T, Meyer UA, Eichelbaum M (1989) In vitro characterization of the human cytochrome P450 involved in polymorphic oxidation of propafenone. Clin Pharmacol Ther 45:28–33
16. McQuinn RL, Quarfoth GJ, Johnson JD et al. (1984) Biotransformation and elimination of ¹⁴C-flecainide acetate in humans. Drug Metab Dispos 12:414–420
17. McQuinn RL, Pentikäinen PJ, Chang SF, Conard GJ (1988) Pharmacokinetics of flecainide in patients with cirrhosis of the liver. Clin Pharmacol Ther 44:566–572
18. Mikus G, Gross AS, Beckmann J, Hertrampf R, Gundert-Remy U, Eichelbaum M (1989) The influence of the sparteine/debrisoquine phenotype on the disposition of flecainide. Clin Pharmacol Ther 45:562–567
19. Morganroth J, Horowitz LN (1984) Flecainide: its proarrhythmic effect and expected changes on the surface electrocardiogram. Am J Cardiol 53:89–94
20. Nitsch J, Neyses L, Köhler U, Lüderitz B (1987) Erhöhte Flecainid-Plasmakonzentrationen bei Herzinsuffizienz. Dtsch Med Wochenschr 112:1698–1700
21. Roden DM, Woosley RL (1986) Flecainide. N Engl J Med 315:36–41
22. Roden DM, Reele SB, Higgins SB, Mayol RF, Gammans RE, Oates JA, Woosley RL (1980) Total suppression of ventricular arrhythmias by encainide: Pharmacokinetics and electrocardiographic characteristics. N Engl J Med 302:877–882
23. Salerno DM, Granrud G, Sharkey P et al. (1986) Pharmacodynamics and side effects of flecainide acetate. Clin Pharmacol Ther 40:101–107
24. Schwartzkopff B, Schilling G, Simon H (1983) Comparison of tocainide and prajmalium-bitartrate for the treatment of ventricular arrhythmias. Arzneimittelforsch 33:153–158
25. Siddoway LA, Thompson KA, McAllister CB, Wang T, Wilkinson GR, Roden DM, Woosley RL (1987) Polymorphism of propafenone metabolism and disposition in man: clinical and pharmacokinetic consequences. Circulation 75:785–791
26. Skoda RC, Gonzalez FJ, Demiere A, Meyer UA (1988) Two mutant alleles of the human cytochrome P450 db1 gene (P450C2D1) associated with genetically deficient metabolism of debrisoquine and other drugs. Proc Natl Acad Sci 85:5240–5243
27. Turgeon J, Roden DM (1989) Pharmacokinetic profile of encainide. Clin Pharmacol Ther 45:692–694
28. Wang T, Roden DM, Wolfenden HT, Woosley RL, Wood AJJ, Wilkinson GR (1984) Influence of genetic polymorphism of the metabolism and disposition of encainide in man. J Pharmacol Exp Ther 228:605–611
29. Weirich J (1989) Quantitative Analyse der frequenzabhängigen Wirkung von Klasse-I-Antiarrhythmika-Stellung von Prajmalin. In: Antoni H, Meinertz T (Hrsg) Aspekte der medikamentösen Behandlung von Herzrhythmusstörungen. Springer, Berlin Heidelberg New York Tokyo, S 17–24
30. Zanger UM, Vilbois F, Hardwick JP, Meyer UA (1988) Absence of hepatic cytochrome P450bufI causes genetically deficient debrisoquine oxidation in man. Biochemistry 27:5447–5454
31. Zekorn C, Achtert G, Hausleiter HJ, Moon CH, Eichelbaum M (1985) Pharmacokinetics of N-propylajmaline in relation to polymorphic sparteine oxidation. Klin Wochenschr 63:1180–1186

Kardiodepressive Effekte der Antiarrhythmika

H. Scholz

Tachyarrhythmien kommen bei Patienten mit Myokardinsuffizienz in 25–70 % der Fälle vor [1, 15, 21, 22]. Als Ursachen kommen Myokardfibrosen, erhöhte Wandspannung, Aktivierung von sympathischem Nervensystem und Renin-Angiotensin-Aldosteron-System, Elektrolytverluste (K, Mg) und Pharmaka (Herzglykoside, Diuretika) in Betracht [22]. Wegen des Zusammenhangs zwischen Tachyarrhythmien und Myokardinsuffizienz ist der Einsatz von Antiarrhythmika bei Patienten mit myokardialer Dysfunktion häufig. Es ist also von Bedeutung und zu beachten, daß die meisten Antiarrhythmika zur Behandlung von Extrasystolen und Tachyarrhythmien negativ inotrop wirken. Das Ausmaß der kardiodepressiven Wirkungen dieser Antiarrhythmika ist allerdings unterschiedlich. Das gilt erstens für die direkte negativ inotrope Wirkung am Herzen, die z. B. bei kurz wirksamen Substanzen wie Lidocain, Phenytoin, Tocainid und Mexiletin schwächer ausgeprägt ist als bei lang wirksamen wie Chinidin. Zweitens ist wichtig, daß die direkte negativ inotrope Wirkung in vivo durch periphere Effekte, z. B. eine Vasodilatation bei Chinidin oder eine Vasokonstriktion bei Disopyramid, abgeschwächt oder verstärkt werden kann. Am isolierten Papillarmuskel in vitro wirken beide Substanzen etwa gleich stark [25], während in vivo die kardiodepressiven Effekte von Disopyramid ausgeprägter sind (siehe z. B. [3, 14, 31, 33]). Drittens können auch indirekte Wirkungen, z. B. die vagolytischen Eigenschaften von Chinidin, Procainamid und Disopyramid, eine Rolle spielen. Schließlich muß bedacht werden, daß auch die pharmakokinetischen Eigenschaften von Antiarrhythmika bei Patienten mit Myokardinsuffizienz verändert sein können [33].

Der vorliegende Beitrag beschäftigt sich hauptsächlich mit den Mechanismen der direkten negativ inotropen Wirkungen von Antiarrhythmika zur Behandlung von Extrasystolen und Tachyarrhythmien (Tachyantiarrhythmika). Zu Beginn wird kurz die Einteilung der Tachyantiarrhythmika entsprechend ihrem Wirkungsmechanismus wiederholt und eine andere Einteilung der Klasse-I-Antiarrhythmika diskutiert, die die Dauer der Haftung der einzelnen Substanzen an den Na-Kanälen in den Vordergrund rückt (vgl. [6, 7, 10, 30]).

Auf ausführliche Übersichten über die hämodynamischen Wirkungen von Antiarrhythmika wird verwiesen [3, 11, 13, 14, 19, 20, 27, 31–34].

Prof. Dr. H. Scholz, Abteilung Allgemeine Pharmakologie, Univ.-Krankenhaus Eppendorf, Martinistr. 52, 2000 Hamburg 20

Klassifikation und Wirkung von Antiarrhythmika

Substanzen zur Behandlung von Extrasystolen und Tachyarrhythmien werden nach Vaughan Williams [29] nach ihren elektrophysiologischen, mit der Mikroelektrodentechnik an isolierten Herzmuskelpräparaten in vitro beobachteten Wirkungen folgendermaßen eingeteilt (Tabelle 1):

I. Membranstabilisierende Substanzen oder Antifibrillanzien

A) vom Chinidintyp,
B) vom Lidocaintyp,

die hauptsächlich eine Hemmung des schnellen Na-Einstroms und damit schneller Aktionspotentiale bewirken (Natriumkanalhemmstoffe). Dadurch kommt es zu einer Verlängerung der Refraktärzeit und zur Unterdrückung vorzeitiger Erregungen. Die Substanzen der Klasse I unterscheiden sich v. a. in der Beeinflussung der Aktionspotentialdauer. Chinidinartig wirkende Antifibrillanzien (Klasse I A; Verlängerung des Aktionspotentials, d. h. zusätzliche Klasse-III-Wirkung) sind Procainamid, Ajmalin, Prajmaliumbitartrat und Disopyramid, während Diphenylhydantoin, Aprindin, Mexiletin und Tocainid neben Lidocain als Antifibrillanzien vom Lidocaintyp (Klasse I B; Verkürzung des Aktionspotentials)

Tabelle 1. Klassifizierung von Antiarrhythmika zur Behandlung tachykarder Rhythmusstörungen

Klasse	Substanz	Handelspräparat
I. Membranstabilisierende Antiarrhythmika = Antifibrillanzien (Natriumkanalhemmstoffe)		
A) Vom Chinidintyp	Chinidin	Chinidin-Duriles u. a.
	Procainamid	Novocamid
	Ajmalin	Gilurytmal
	Prajmaliumbitartrat	Neo-Gilurytmal
	Disopyramid	Rythmodul, Norpace
B) Vom Lidocaintyp	Lidocain	Xylocain
	Phenytoin	Phenhydan u. a.
	Aprindin	Amidonal
	Mexiletin	Mexitil
	Tocainid	Xylotocan
	Propafenon	Rytmonorm
C) Vom Lidocain-Chinidintyp	Lorcainid	Remivox
	Flecainid	Tambocor
	Encainid	
II. β-Rezeptorenblocker	Propranolol	Dociton u. a.
III. Repolarisationshemmer (Kaliumkanalhemmstoffe)	Amiodaron	Cordarex
	Sotalol	Sotalex
IV. Ca-Antagonisten (Ca-Kanalhemmstoffe)	Verapamil	Isoptin u. a.
	Gallopamil	Procorum
	Diltiazem	Dilzem

anzusehen sind. Die neueren Antifibrillanzien Lorcainid, Flecainid und Encainid weisen chinidin- und lidocainähnliche Eigenschaften auf und bilden die Klasse I C. Substanzen der Klasse I C haben keine nennenswerte Wirkung auf die Dauer des Aktionspotentials.

Uneinheitlich ist die Zuordnung von Propafenon, das zusätzlich β-blokkierende Eigenschaften hat. Propafenon führt nämlich zu einer Verkürzung des Aktionspotentials [17, 23] und gehört deshalb zur Klasse I B. Andererseits haftet Propafenon relativ lange (Zeitkonstante 15–35 s; siehe z. B. [10, 23]) an den Na-Kanälen und wird deshalb in Anlehnung an Vaughan Williams [30] und Harrison [6, 7] zunehmend zur Klasse I C gerechnet [8, 19].

II. β-Rezeptorenblocker, die eine eigene Gruppe von Antiarrhythmika bilden und deren Wirkung v. a. auf einer Blockade der durch Ca vermittelten arrhythmogenen Katecholaminwirkungen beruht. Zwischen den einzelnen β-Blockern bestehen in dieser Beziehung keine Unterschiede; allerdings führt Sotalol zusätzlich zu einer Verbreiterung des Aktionspotentials (zusätzliche Klasse-III-Wirkung).

III. Substanzen, die wahrscheinlich infolge Hemmung des K-Ausstroms das Aktionspotential verbreitern (Repolarisationshemmer oder Kaliumkanalhemmstoffe) und dadurch zu einer Verlängerung der effektiven Refraktärzeit führen. In diese Gruppe gehört v. a. Amiodaron.

IV. Ca-Antagonisten (Ca-Kanalhemmstoffe), insbesondere Verapamil als Prototyp, das eine Hemmung des langsamen Ca-Einstroms und damit langsamer Aktionspotentiale bewirkt, die physiologisch in Sinus- und AV-Knoten und pathologisch in infarzierten Myokardarealen vorkommen. In diese Gruppe gehören auch Gallopamil und Diltiazem. Ca-Antagonisten vom Nifedipintyp haben keine antiarrhythmische Wirkung.

Auf elektrophysiologischer Ebene führen Antifibrillanzien also zu einer Hemmung des Na-Einstroms, β-Blocker und Ca-Antagonisten zu einer Hemmung des Ca-Einstroms und Substanzen mit aktionspotentialverlängernder Wirkung zu einer Hemmung des K-Ausstroms.

Einteilung von Klasse-I-Antiarrhythmika nach der Wirkungsdauer

In Vorhofmyokard, His-Purkinje-System und Ventrikelmyokard wird das Aktionspotential durch die rasche Öffnung von Na-Kanälen ausgelöst und fortgeleitet. Die Öffnung der Na-Kanäle bestimmt die schnelle Depolarisationsphase des Aktionspotentials, und die maximale Depolarisationsgeschwindigkeit $\dot{V}_{max}$ ist ein Maß für die Zahl der aktivierten Na-Kanäle.

Die Na-Kanäle können sich in 3 verschiedenen Zuständen befinden: ruhend, aktiviert, inaktiviert (Abb. 1). Im Ruhezustand ist das Aktivierungsgate geschlossen und das Inaktivierungsgate offen; es fließt kein Na-Strom. Während der Aktivierungsphase sind Aktivierungs- und Inaktivierungsgate beide geöffnet, so daß es zum Na-Einstrom und zur Depolarisation kommen kann. Während der Repolarisationsphase des Aktionspotentials sind die

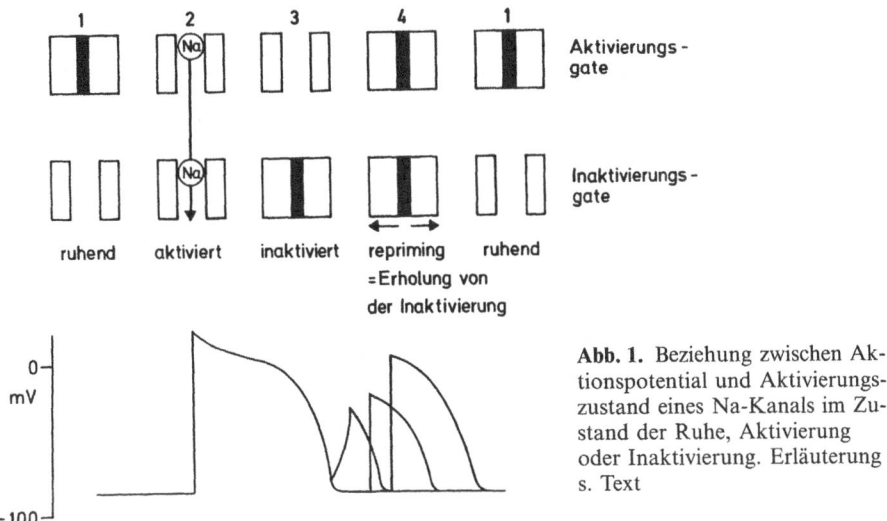

Abb. 1. Beziehung zwischen Aktionspotential und Aktivierungszustand eines Na-Kanals im Zustand der Ruhe, Aktivierung oder Inaktivierung. Erläuterung s. Text

Na-Kanäle infolge Schließung des Inaktivierungsgates inaktiviert. Nach Beendigung der Repolarisation benötigen die Na-Kanäle eine gewisse Zeit, um sich von der Inaktivierung zu erholen und wieder in den Zustand der Ruhe überzugehen („repriming"). Die Inaktivierungsphase und die anschließende Erholung von der Inaktivierung sind die Ursache der effektiven und relativen Refraktärzeit (Abb. 2).

Antiarrhythmika der Klasse I (Na-Kanalhemmstoffe) wirken dadurch, daß sie die Erholung der Na-Kanäle verzögern.

Die Bindung des Antiarrhythmikums an die Na-Kanäle erfolgt insbesondere dann, wenn diese sich im aktivierten und inaktivierten Zustand befinden. Die Bindung des Antiarrhythmikums an die Na-Kanäle ist also von der „Benutzung" der Na-Kanäle abhängig. Nach jedem Aktionspotential dissoziiert das Antiarrhythmikum wieder vom ruhenden Na-Kanal, so daß dieser nicht mehr blockiert und für eine erneute Erregung verfügbar ist. Die Zeitkonstante für diese diastolische Dissoziation ist für jedes Klasse-I-Antiar-

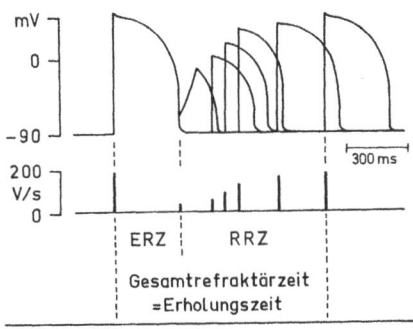

Abb. 2. Dauer des Aktionspotentials und Erholung von der Inaktivierung (Phase mit nur unvollständig auslösbaren Aktionspotentialen) bestimmen die Dauer der effektiven (*ERZ*) und relativen (*RRZ*) Refraktärzeit

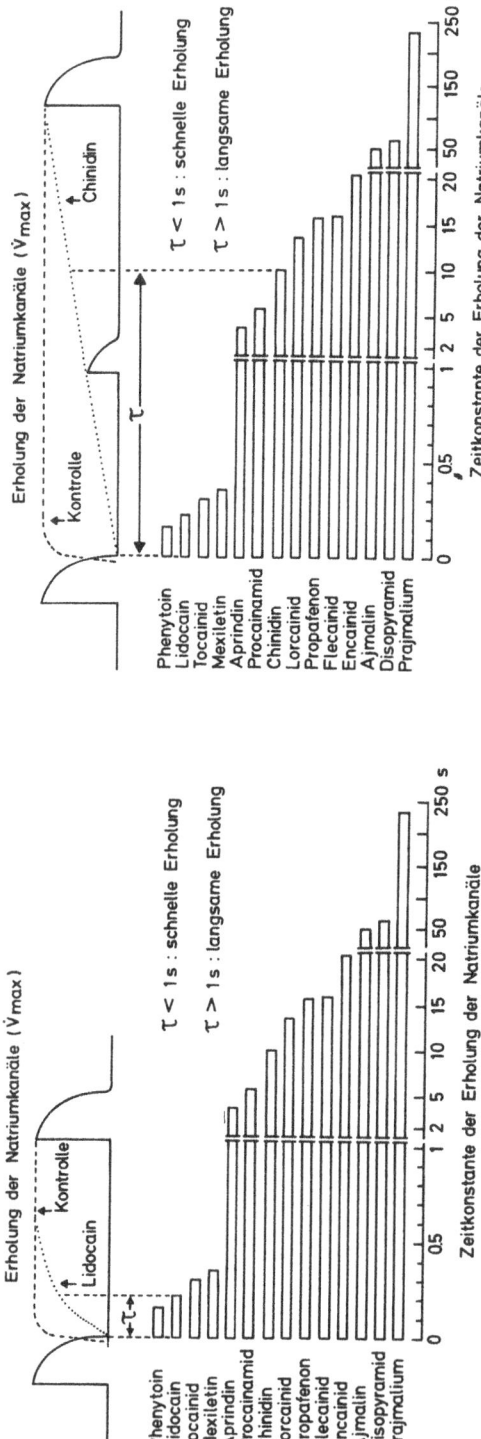

Abb. 3. Kinetik der Blockade des Na-Kanals durch Klasse-I-Antiarrhythmika. Normalerweise erholen sich die Na-Kanäle, gemessen an der maximalen Depolarisationsgeschwindigkeit $\dot{V}_{max}$ des Aktionspotentials, nach Beendigung der Depolarisationsphase sehr schnell mit einer Zeitkonstante von etwa 20 ms (Kontrolle). Antiarrhythmika der Klasse I verlangsamen den Erholungsprozeß der Na-Kanäle für unterschiedlich lange, substanzspezifische Zeiten (am kürzesten: Phenytoin; am längsten: Prajmalium). Bei kurz wirksamen Antiarrhythmika wie Lidocain (Zeitkonstante der Erholung <1 s) wird das normale Aktionspotential (Diastolendauer 1 s) nicht beeinflußt, bei lang wirksamen wie Chinidin (Zeitkonstante >1 s) dagegen gehemmt. (Aus Scholz [28] nach Honerjäger [10])

rhythmikum charakteristisch und reicht von wenigen 100 ms bis zu mehreren min (Abb. 3). Daraus ergibt sich, daß Phenytoin, Lidocain, Tocainid und Mexiletin (Zeitkonstante unter 1 s) im Verlaufe einer normalen Diastolendauer von etwa 1000 ms wieder von den Na-Kanälen abdissoziieren und deshalb die Depolarisationsphase und die Leitungsgeschwindigkeit normaler Aktionspotentiale nicht nennenswert beeinflussen. Diese Substanzen unterdrücken also im wesentlichen nur *vorzeitige* Erregungen. Bei den übrigen Substanzen wird dagegen die Depolarisationsphase auch bei regulären Aktionspotentialen verlangsamt. Das gilt z. B. für alle Antiarrhythmika der Klasse I A sowie in gleicher Weise für Lorcainid, Flecainid, Encainid und Propafenon, die mit einer Zeitkonstante von 13,2–20,3 s von den Na-Kanälen dissoziieren und deshalb häufig zur Klasse I C gerechnet werden. Es ist also von praktischer Bedeutung, wenn Antiarrhythmika der Klasse I unterschieden werden in solche vom „fast-recovery type" (Zeitkonstante kleiner als 1 s) und solche vom „slow-recovery type" (Zeitkonstante größer als 1 s; [11]).

Auch die negativ inotrope Wirkung von Klasse-I-Antiarrhythmika ist auf die Hemmung des Na-Einstroms zurückzuführen. Es leuchtet deshalb ein, daß die negativ inotrope Wirkung von Antiarrhythmika vom „fast-recovery type", die bei normaler Diastolendauer von etwa 1000 ms den Na-Einstrom wenig hemmen, ebenfalls relativ gering ausgeprägt ist. Bei Antiarrhythmika vom „slow-recovery type" ist die negativ inotrope Wirkung dagegen stärker.

Negativ inotrope Wirkung von Antiarrhythmika

Die negativ inotrope Wirkung aller Antiarrhythmika beruht auf einer Abnahme der Konzentration an intrazellulären freien Ca-Ionen. Die Mechanismen, über die diese Abnahme der Ca-Ionen zustandekommt, sind bei den einzelnen Substanzen jedoch unterschiedlich.

Klasse-I-Antiarrhythmika

Substanzen der Klasse I wirken antiarrhythmisch, weil sie die Erholung der Na-Kanäle verzögern und dadurch die Refraktärzeit verlängern. Die Hemmung des Na-Einstroms ist auch die Ursache für den negativ inotropen Effekt dieser Antiarrhythmika (Abb. 4).

Die Kontrolle der intrazellulären Ca-Konzentration und damit der Kontraktionskraft durch Na-Ionen erfolgt über das Ca/Na-Austauschsystem, dessen physiologische Rolle darin besteht, Ca im Austausch gegen Na aus der Zelle zu transportieren und die intrazelluläre Ca-Konzentration nach Ablauf einer Erregung niedrig zu halten [2, 4, 9, 18]. Unter Gleichgewichtsbedingungen folgt der Ca/Na-Austausch der Gleichung

$$[Ca^{2+}]_i = [Ca^{2+}]_0 \frac{[Na^+]_i^n}{[Na^+]_0^n} \exp \frac{(n-2)FV}{RT},$$

wobei n die Anzahl der Na-Ionen ist, gegen die ein Ca-Ion austauscht; V ist das Membranpotential und F, R und T sind die Faraday-Konstante, die

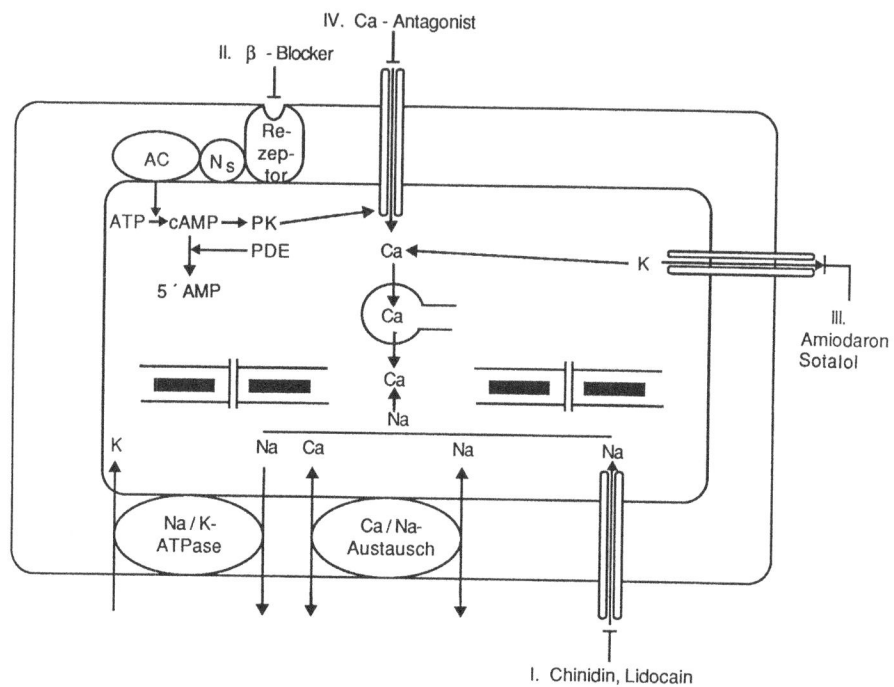

Abb. 4. Schematische Darstellung der Mechanismen der Wirkung von Tachyantiarrhythmika der Klassen I–IV auf die Kontraktionskraft des Herzens. (Aus Scholz [28])

Gaskonstante und die absolute Temperatur [4]. Am Herzen beträgt der Wert von n etwa 3. Das heißt, daß relativ kleine Änderungen der intrazellulären Na-Konzentration relativ große Änderungen der intrazellulären Ca-Konzentration bewirken. Auf diesem Weg kommt wahrscheinlich die positiv-inotrope Wirkung der Herzglykoside, der Veratrumalkaloide und von DPI 201-106 zustande, die über eine Hemmung der Na/K-ATPase bzw. eine verlängerte Öffnung der Na-Kanäle zu einer Zunahme der Na-Konzentration in der Zelle führen [24, 26]. Umgekehrt führen Klasse-I-Antiarrhythmika zu einer Abnahme der intrazellulären Na-Aktivität und damit zu einer Abnahme der intrazellulären Ca-Konzentration und der Kontraktionskraft (Abb. 4). Das Ausmaß dieser Wirkung hängt davon ab, wie stark die Hemmung des Na-Einstroms während des Aktionspotentials bei den einzelnen Antiarrhythmika ist. Bei solchen Klasse-I-Antiarrhythmika (z. B. Lidocain, Phenytoin, Tocainid und Mexiletin), die sehr schnell (Zeitkonstante < 1 s; s. Abb. 3) von den inaktivierten Na-Kanälen dissoziieren und deshalb das schnelle Aktionspotential bei normaler Diastolendauer von etwa 1 s nur geringfügig beeinflussen, ist auch die negativ inotrope Wirkung relativ gering ausgeprägt. Bei anderen Substanzen (z. B. Chinidin), die länger an den Na-Kanälen haften (Zeitkonstante > 1 s), ist die negativ inotrope Wirkung ausgeprägter.

Experimentell wurde gezeigt, daß einige Antiarrhythmika, z. B. Chinidin, bei gleich starker Na-Kanalblockade stärker negativ inotrop wirken als der selektive Na-Kanalblocker Tetrodotoxin [12]. Danach ist wahrscheinlich, daß an der negativ inotropen Wirkung von Klasse-I-Antiarrhythmika auch noch andere Mechanismen, z. B. eine direkte Hemmung des langsamen Ca-Einstroms, beteiligt sind.

Klasse-II-Antiarrhythmika

Die positiv inotrope Wirkung von β-Sympathomimetika beruht auf einer Steigerung des intrazellulären cAMP-Spiegels, was über eine Aktivierung von Proteinkinasen zu einer Steigerung des Ca-Einstroms während des Aktionspotentials führt [26]. β-Blocker hemmen diese Wirkung. Sie führen also zu einer Verminderung der Ca-Aufnahme während des Aktionspotentials und damit zu einem negativ inotropen Effekt (Abb. 4).

Klasse-III-Antiarrhythmika

Amiodaron und andere Klasse-III-Antiarrhythmika wirken in der Regel nicht negativ inotrop. Sie hemmen den K-Ausstrom und führen dadurch zu einer Verlängerung des Aktionspotentials, was wiederum eine Verlängerung des Ca-Einstroms während des Aktionspotentials und damit eine Zunahme der Kontraktionskraft bewirken kann (Abb. 4). Zumindest bei Amiodaron wird dies offenbar ausgeglichen durch eine zusätzliche Hemmung des Na-Einstroms (Klasse-I-Wirkung; [16]), so daß deutliche direkte inotrope Wirkungen bei dieser Substanz fehlen.

Eine Übersicht zur pharmakologischen Beeinflussung von K-Kanälen wurde kürzlich von Cook [5] publiziert.

Klasse-IV-Antiarrhythmika

Auch bei Ca-Antagonisten beruht die negativ inotrope Wirkung auf einer Hemmung des Ca-Einstroms während des Aktionspotentials (Abb. 4). Im Gegensatz zu β-Blockern handelt es sich hier um eine direkte Blockade des Ca-Kanals. Die negativ inotrope Wirkung der Ca-Antagonisten ist bei Verapamil am stärksten ausgeprägt, weil sie hier durch die reflektorische Kardiostimulation infolge der Vasodilatation am wenigsten antagonisiert wird.

Zusammenfassung

Substanzen zur Behandlung tachykarder Rhythmusstörungen, die nach Vaughan Williams [29] v. a. nach ihrem Einfluß auf die Dauer des Aktionspotentials eingeteilt werden, wirken mit Ausnahme von Amiodaron negativ inotrop. Substanzen der Klasse I (Natriumkanalhemmstoffe) wirken antiarrhythmisch, weil sie mit den Natriumkanälen im geöffneten und inaktivierten Zustand interagieren und dadurch die Erholung der Natriumkanäle verzögern; infolgedessen kommt es zu einer Verlängerung der Refraktärzeit. Die Hemmung des Na-Einstroms ist auch die Hauptursache für den negativ inotropen Effekt dieser Substanzen. Es kommt zu einer Verringerung der intrazellulären Na-Konzentration, die – über eine Beeinflussung des Na/Ca-

Austauschs – zu einer Abnahme der intrazellulären Ca-Konzentration und damit zu einer Abnahme der Kontraktionskraft führt. Bei solchen Klasse-I-Antiarrhythmika (z. B. Lidocain, Klasse I B), die sehr schnell (Zeitkonstante <1 s) von den inaktivierten Na-Kanälen dissoziieren und deshalb das schnelle Aktionspotential bei normaler Frequenz von etwa 1 Hz nur geringgradig beeinflussen, ist auch die negativ inotrope Wirkung relativ gering ausgeprägt. Bei anderen Substanzen (z. B. Chinidin, Klasse I A), die länger an den Na-Kanälen haften (Zeitkonstante >1 s), ist die negativ inotrope Wirkung ausgeprägter. Das gleiche gilt für Antiarrhythmika der Klasse I C (Zeitkonstante 10–20 s), die auch durch eine verlängernde Wirkung auf die QRS-Dauer gekennzeichnet sind.

Die antiarrhythmische Wirkung der β-Blocker (Klasse II) beruht v. a. auf einer Blockade der durch Ca vermittelten arrhythmogenen Katecholaminwirkungen. Auch die negativ inotrope Wirkung der β-Blocker läßt sich auf eine Hemmung des langsamen Ca-Einstroms zurückführen. Das gleiche gilt für die negativ inotrope Wirkung von Ca-Kanalhemmstoffen (Klasse IV). Sie ist bei Verapamil am stärksten ausgeprägt, weil sie hier durch die reflektorische Kardiostimulation am wenigsten antagonisiert wird.

Amiodaron (Klasse III) wirkt wahrscheinlich deshalb nicht negativ inotrop, weil eine mögliche direkte Kardiodepression durch eine Verbreiterung des Aktionspotentials ausgeglichen wird.

Antiarrhythmische und negativ inotrope Wirkungen hängen also eng zusammen. Bei der Kombination von Antiarrhythmika verschiedener Klassen kann deren antiarrhythmische Wirkung verstärkt werden. Wegen der unterschiedlichen Mechanismen, über die Antiarrhythmika zu einer Abnahme der myokardialen Kontraktionskraft führen, kann es gleichzeitig aber auch zu einer Verstärkung der negativ inotropen Wirkungen kommen.

Literatur

1. Bigger JT (1987) Current approaches to drug treatment of ventricular arrhythmias. Am J Cardiol 60:10F–20F
2. Blaustein MP (1985) The cellular basis of cardiotonic steroid action. Trends Pharmacol Sci 6:289–292
3. Block PJ, Winkle RA (1983) Hemodynamic effects of antiarrhythmic drugs. Am J Cardiol 52:14C–23C
4. Chapman RA, Coray A, McGuigan JAS (1983) Sodium-calcium exchange in mammalian heart: the maintenance of low intracellular calcium concentration. In: Drake-Holland AJ, Noble MIM (eds) Cardiac metabolism. Wiley, Chichester, pp 117–149
5. Cook NS (1988) The pharmacology of potassium channels and their therapeutic potential. Trends Pharmacol Sci 9:21–28
6. Harrison DC (1985) Antiarrhythmic drug classification: New science and practical applications. Am J Cardiol 56:185–187
7. Harrison DC (1986) Current classification of antiarrhythmic drugs as a guide to their rational clinical use. Drugs 31:93–95
8. Harron DWG, Brogden RN (1987) Propafenone: A review of its pharmacodynamic and pharmacokinetic properties, and therapeutic use in the treatment of arrhythmias. Drugs 34:617–647

9. Honerjäger P (1982) Cardioactive substances that prolong the open state of sodium channels. Rev Physiol Biochem Pharmacol 92:1–74
10. Honerjäger P (1983) Pharmaka mit Wirkung auf das Herz. In: Estler CJ (Hrsg) Lehrbuch der allgemeinen und systematischen Pharmakologie und Toxikologie. Schattauer, Stuttgart New York, S 221–249
11. Honerjäger P (1986) Regulation of myocardial force of contraction by sarcolemmal ion channels, the sodium pump, and sodium-calcium exchange. In: Rupp H (ed) The regulation of heart function. Basic concepts and clinical applications. Thieme-Stratton, New York, pp 159–177
12. Honerjäger P, Loibl E, Steidl J, Schönsteiner G, Ulm K (1986) Negative inotropic effects of tetrodotoxin and seven class 1 antiarrhythmic drugs in relation to sodium channel blockade. Naunyn Schmiedeberg's Arch Pharmacol 332:184–195
13. Jewitt DE (1980) Hemodynamic effects of newer antiarrhythmic drugs. Am Heart J 100:984–989
14. Keefe DL, Williams S (1984) The effect of antiarrhythmic agents on myocardial contractility and arrhythmia frequency. J Clin Pharmacol 24:306–312
15. Kim SG (1989) Ventricular arrhythmias in congestive heart failure. Heart Failure 5:167–174
16. Kohlhardt M, Fichtner H (1988) On the mode of action of antiarrhythmics: all-or-none blockade of single cardiac Na$^+$ channels. Naunyn Schmiedebergs Arch Pharmacol [Suppl] 337:R 58
17. Kohlhardt M, Seifert C (1980) Inhibition of $\dot{V}_{max}$ of the action potential by propafenone and its voltage-, time- and pH-dependence in mammalian ventricular myocardium. Naunyn Schmiedebergs Arch Pharmacol 315:55–62
18. Mullins LJ (1981) Ion transport in heart. Raven, New York
19. Nestico PF, Morganroth J, Horowitz LN (1988) New antiarrhythmic drugs. Drugs 35:286–319
20. Opie LH (1980) Drugs and the heart. IV. Antiarrhythmic agents. Lancet I:861–868
21. Parmley WW (1987) Factors causing arrhythmias in chronic congestive heart failure. Am Heart J 114:1267–1272
22. Reiter MJ (1989) Pathophysiology of ventricular arrhythmias in patients with congestive heart failure. Heart Failure 5:155–166
23. Rouet R, Libersa CC, Broly F, Caron JF, Adamantidis MM, Honore E, Wajman A, Dupuis BA (1989) Comparative electrophysiological effects of propafenone, 5-hydroxy-propafenone, and N-depropylpropafenone on guinea pig ventricular muscle fibers. J Cardiovasc Pharmacol 14:577–584
24. Scholtysik G (1989) Cardiac Na$^+$ channel activation as a positive inotropic principle. J Cardiovasc Pharmacol 14:S24–S29
25. Scholz H (1976) Disopyramid-phosphat: Elektrophysiologische und inotrope Wirkungen am Katzenpapillarmuskel im Vergleich mit Chinidin. Arzneimittelforsch 26:469–473
26. Scholz H (1986) Positive inotropic agents: Different mechanisms of action. In: Erdmann E, Greeff K, Skou JC (eds) Cardiac glycosides 1785–1985. Steinkopff, Darmstadt, pp 181–188
27. Scholz H (1987) Wechselwirkungen zwischen Beta-Rezeptorenblockern und Antiarrhythmika. In: Grosdanoff P, Kaindl F, Kraupp O, Lehnert T, Lichtlen P, Schuster J, Siegenthaler W (Hrsg) de Gruyter, Berlin New York, pp 255–271
28. Scholz H (1988) Antiarrhythmische und kardiodepressive Wirkungen antiarrhythmischer Substanzen. Z Kardiol [Suppl 5] 77:113–119
29. Vaughan Williams EM (1975) Classification of antidysrhythmic drugs. Pharmacol Ther [B]1:115–138
30. Vaughan Williams EM (1984) A classification of antiarrhythmic actions reassessed after a decade of new drugs. J Clin Pharmacol 24:129–147
31. Wilson JR (1987) Use of antiarrhythmic drugs in patients with heart failure: clinical efficacy, hemodynamic results, and relation to survival. Circulation [Suppl IV] 75:IV-64–IV-73
32. Woosley RL (1987) Pharmacokinetics and pharmacodynamics of antiarrhythmic agents in patients with congestive heart failure. Heart J 114:1280–1291
33. Woosley RL, Echt DS, Roden DM (1986) Effects of congestive heart failure on the pharmacokinetics and pharmacodynamics of antiarrhythmic agents. Am J Cardiol 57:25B–33B
34. Zipes DP, Troup PJ (1978) New antiarrhythmic agents. Amiodarone, aprindine, disopyramide, ethmozin, mexiletine, tocainide, verapamil. Am J Cardiol 41:1005–1024

Experimentelle In-vivo-Untersuchungen zur Hämodynamik von Antiarrhythmika

L. Seipel, H. M. Hoffmeister

Die antiarrhythmische Therapie ist mit zahlreichen potentiellen Nebenwirkungen belastet. Hierunter stellen die hämodynamischen Effekte dieser Substanzen ein großes Problem dar. Praktisch alle Antiarrhythmika besitzen eine kardiodepressive Wirkung, die allerdings für einzelne Substanzen von verschiedenen Untersuchern nicht immer einheitlich beurteilt wird [2, 4, 22]. Bei Patienten mit normaler Ventrikelfunktion ist diese Nebenwirkung praktisch bedeutungslos. Schwierig kann dagegen die Situation bei Patienten mit Herzinsuffizienz sein, d.h. bei denjenigen Fällen, die aus prognostischen und häufig auch symptomatischen Gründen einer Behandlung bedürfen. Hier besteht die Gefahr, daß durch die Verschlechterung der hämodynamischen Situation die Prognose negativ beeinflußt wird [18, 29].

Experimentelle Untersuchungen zur Inotropie von Antiarrhythmika sind prinzipiell nur sehr bedingt in der Lage, zu klinischen Fragestellungen beizutragen. Dies gilt sowohl für die Übertragung von Befunden an der Einzelfaser oder am isolierten Herzen auf das intakte Kreislaufsystem als auch für die Rückschlüsse vom normalen auf den erkrankten Herzmuskel. Am isolierten Papillarmuskel ließ sich für praktisch alle Antiarrhythmika ein konzentrationsabhängiger negativ-inotroper Effekt nachweisen, der allerdings in verschiedenen Untersuchungen unterschiedlich ausgeprägt war [10, 14, 21]. Ein besonderes Problem ist hier die Vergleichbarkeit bestimmter Dosierungen bzw. Konzentrationen. Am Herzen in situ sind Messungen der Kontraktilität schon prinzipiell problematisch, da die zusätzlichen Kreislaufeffekte der Substanz direkte und indirekte Rückwirkungen auf die Herzfunktion haben (Lastbedingungen, Frequenz etc.).

Um diese Faktoren auszuschalten, erscheinen isovolumetrische Kontraktilitätsmessungen unabhängig von den Lastbedingungen sinnvoll. Hierzu wurden beim Rattenherzen in situ nach Thorakotomie zunächst die Substanzeffekte unter intakten Kreislaufbedingungen gemessen. Anschließend wurden isovolumetrische Druckwerte bei kurzfristig abgeklemmter Aorta registriert (Abb. 1). Der Koronarkreislauf ist hierunter naturgemäß noch intakt, was allerdings zu keiner wesentlichen Verfälschung der Meßdaten führen dürfte. Am Ende des Experiments wurden nach Unterbindung des linken Vorhofs und der Aorta der linke Ventrikel mit definierten Volumina über eine Stahlkanüle gefüllt und die Druck-Volumen-Relationen erstellt (Abb. 2). Die Antiarrhythmika wurden intravenös in steigender Dosierung

Prof. Dr. L. Seipel, Abteilung Innere Medizin III, Med. Klinik und Poliklinik der Universität, Otfried-Müller-Str., 7400 Tübingen 1

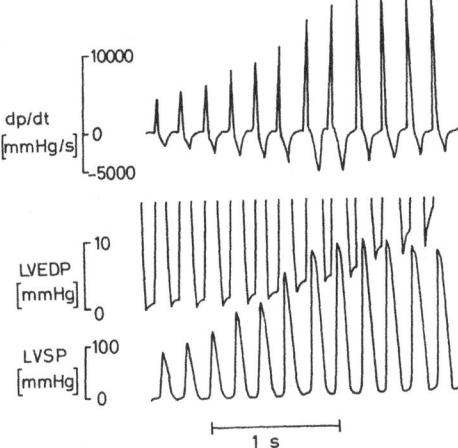

Abb. 1. Druckregistrierung im linken Ventrikel unter isovolumetrischen Bedingungen. Nach Abklemmen der Aorta kommt es zunächst zum Ansteigen des systolischen Drucks (*LVSP*) bis zu einem Maximum mit anschließendem Druckabfall, während der diastolische Druck (*LVEDP*) weiter ansteigt. Entsprechend verhält sich dp/dt$_{max}$. Nach Erreichen des systolischen Spitzendrucks wird die Aortenklemme wieder geöffnet

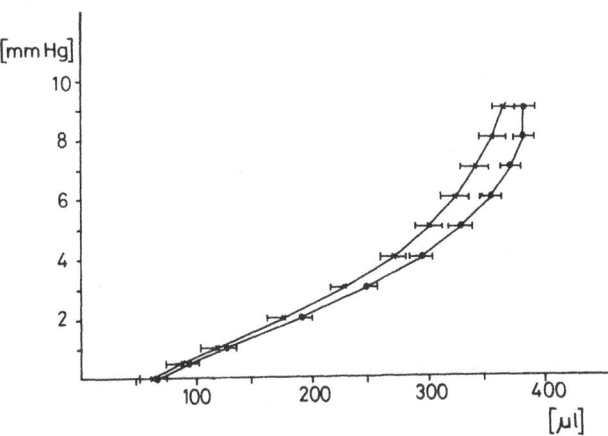

Abb. 2. Druck-Volumen-Relationen unter Kontrollbedingungen bei normalen (×) und postischämischen (•) Herzen

verabreicht und Dosis-Wirkungs-Kurven erstellt. Zum Vergleich verschiedener Substanzen wurden jeweils die Dosierungen gewählt, bei der die Plasmaspiegel im therapeutischen Bereich liegen [13].

Die Ergebnisse dieser Untersuchungen zeigen recht uniforme negativ-inotrope Effekte aller getesteter Klasse-I-Substanzen. Dies gilt auch für Disopyramid, das sich in klinischen Vergleichsuntersuchungen als stärker kardiodepressiv erwiesen hat [13, 24, 28, 30]. Besonders bedeutsam ist der Effekt bei intravenöser Applikation, da hier nicht nur höhere Plasmaspiegel erreicht werden, sondern auch der Anteil am freien Disopyramid besonders hoch ist [6].

Die Erklärung für diese scheinbare Diskrepanz liegt in der unterschiedlichen Beeinflussung des peripheren Kreislaufs. Disopyramid erhöht den peripheren Widerstand [27] und damit die Lastbedingungen für den linken Ventrikel. Dies führt zu einer Verstärkung der „direkten" negativ-inotropen Effekte auf den Herzmuskel. Eine Substanz, die demgegenüber zu einem Abfall des peripheren Widerstands und damit zu einer Nachlastsenkung führt, kann hierdurch ihren negativ-inotropen Effekt „kaschieren". Ein typisches Beispiel hierfür ist der Ca-Antagonist Verapamil [8], der in obigem Modell naturgemäß einen dosisabhängigen negativ-inotropen Effekt zeigt [23].

Unter den gleichen Versuchsbedingungen wurde auch Prajmaliumbitartrat getestet. Aufgrund seiner Bindungskinetik mit relativ langer Blockade des Na-Kanals der Zellmembran war eine ausgeprägte negativ-inotrope Wirkung angenommen worden [21]. Frühere Untersuchungen am Ganztier hatten einen dosisabhängigen kardiodepressiven Effekt ergeben, wobei keine Vergleichssubstanzen mitgetestet wurden. Der periphere Widerstand blieb im Bereich klinischer Dosierungen im wesentlichen unverändert [11, 17].

In eigenen Untersuchungen wurden 0,5 mg/kg und 1,0 mg/kg Prajmaliumbitartrat getestet. Dies entspricht den bisher verwendeten klinischen Dosen für die intravenösen Applikation [26]. Hierunter wurden Plasmaspiegel von 51 ± 4 ng/ml bzw. 106 ± 7 ng/ml gemessen, die aufgrund von klinischen Untersuchungen nach oraler Therapie im unteren und oberen therapeutischen Bereich liegen [7]. Bei der Dosis von 0,5 mg/kg wurden keine Veränderungen der Ventrikeldrücke gesehen. Erst nach 1 mg/kg kam es zu einer signifikanten Reduzierung von systolischem Spitzendruck und dp/dt_{max} (Tabelle 1). Dieser kardiodepressive Effekt liegt in einer Größenordnung, die anderen Klasse-I-Substanzen entspricht. Direkte Vergleichsuntersuchungen mit Ajmalin werden zur Zeit durchgeführt.

Zusätzlich zu den erwähnten Substanzen der Klasse I und IV wurde auch Sotalol getestet, das einen Klasse-II- und -III-Effekt besitzt [12]. Hierbei wurde neben dem Razemat auch das D-Sotalol eingesetzt, das nur eine mini-

Tabelle 1. Maximaler linksventrikulärer Druck (*LVSP*) und dp/dt_{max} unter isovolumetrischen Bedingungen 5 min nach Infusion von Prajmaliumbitartrat in % der Ausgangsmessung ($\bar{x} \pm$ SEM)

	Vor Infusion	5 min nach Infusion
dp/dt_{max}		
NaCl	$13\,154 \pm 1\,264$	$11\,988 \pm 1\,334$ (mm Hg/s)
0,5 mg/kg	$9\,928 \pm 536$	$9\,699 \pm 497$ (mm Hg/s)
1,0 mg/kg	$9\,491 \pm 515$	$6\,743 \pm 744$ (mm Hg/s)
Max. LVSP		
NaCl	263 ± 7	263 ± 8 (mm Hg)
0,5 mg/kg	259 ± 4	251 ± 4 (mm Hg)
1,0 mg/kg	249 ± 5	209 ± 8 (mm Hg)

male β-blockierende Wirkung, aber einen unveränderten Klasse-III-Effekt aufweist [15]. Entsprechend früheren Untersuchungen am Herzen in situ [9, 20], erwies sich das Razemat als ausgeprägt kardiodepressiv. Dies dürfte durch die β-Blockade sowohl der sympathischen Innervation als auch der zirkulierenden Katecholamine bedingt sein, da sich am isolierten Papillarmuskel ein solcher Effekt nicht nachweisen läßt [19]. Demgegenüber zeigte D-Sotalol auch am Herzen in situ keine signifikanten negativ-inotropen Effekte [12]. Dies entspricht dem Konzept, daß die Verlängerung der Repolarisationsdauer durch eine Substanz der Klasse III durch einen verlängerten Kalziuminflux eher positiv-inotrop wirken sollte [25]. Wie schon erwähnt, erlauben die Untersuchungsergebnisse am gesunden Herzen nur sehr bedingt einen Rückschluß auf die Situation bei eingeschränkter Ventrikelfunktion. Daher wurde D-Sotalol zusätzlich am postischämischen Herzen mit reduzierter linksventrikulärer Globalfunktion getestet. Hier zeigte auch D-Sotalol eine deutlich negativ-inotrope Wirkung [23]. Es ist durchaus möglich, daß in dieser Situation auch der geringe β-blockierende Resteffekt von D-Sotalol eine Rolle spielt. Ob hierdurch allerdings das gesamte Ausmaß der Kardiodepression erklärt werden kann, muß fraglich bleiben. Zumindest erscheint ein postulierter positiv-inotroper Effekt unwahrscheinlich. Zur klinischen Relevanz dieser Befunde bedarf es weiterer Untersuchungen.

Eine weitere Untersuchungsserie galt der Frage der hämodynamischen Wirkung einer antiarrhythmischen Kombinationstherapie. Hierbei wurden β-Blocker und Klasse-I-Antiarrhythmika getestet, die klinisch häufig verabreicht werden. Als β-Blocker wurde zunächst D,L-Sotalol appliziert, was die beschriebene Kardiodepression mit Abfall des Herzeitvolumens bewirkte. Die zusätzliche Gabe von Flecainid oder Disopyramid in klinischen Dosierungen führte zu keiner weiteren signifikanten Abnahme der Drücke unter isovolumetrischen Bedingungen oder des Herzzeitvolumens im intakten Kreislauf. Es kam daher nicht zu einem einfachen additiven negativ-inotropen Effekt beider Substanzen (Tabelle 2). Dies entspricht den wenigen, bisher zu diesem Thema veröffentlichten klinischen Studien [5, 16].

Tabelle 2. Maximaler isovolumetrischer linksventrikulärer Druck (*LVSP*) und Herzzeitvolumina nach i.v.-Gabe von D,L-Sotalol (2 mg/kg) und Disopyramid (1,5 mg/kg) bzw.- Flecainid (2 mg/kg) in % der Ausgangsmessung vor der 1. Infusion

	Max. LVSP (%)	HZV (%)
SOT + NaCl	71 ± 3	71 ± 2
SOT + DISO	73 ± 2	69 ± 3
SOT + FLEC	71 ± 2	63 ± 3
($\bar{x} \pm$ SF in % der Ausgangsmessung)		

Zusammenfassung

Das hier vorgestellte Modell erlaubt sowohl die Untersuchug der hämodynamischen Wirkung von Antiarrhythmika unter intakten Kreislaufverhältnissen als auch ihrer inotropen Effekte auf den Herzmuskel in situ unter isovolumetrischen Bedingungen. Damit wird eine Lücke geschlossen zwischen den experimentellen Untersuchungen am isolierten Herzmuskelpräparat einerseits und den klinischen Befunden andererseits. Die in der Klinik zu erwartenden hämodynamischen Effekte lassen sich weitgehend voraussagen. Dies gilt auch für die Wirkung bei eingeschränkter linksventrikulärer Funktion. Die Versuchsanordnung bietet sich daher auch besonders für die Testung neuer Antiarrhythmika vor dem klinischen Einsatz an.

Literatur

1. Angermann C, Jahrmärker H (1983) Vergleichende Untersuchungen zur kardiodepressorischen Wirkung von Disopyramid, Mexiletin und Propafenon. Z Kardiol 72:665–674
2. Block PJ, Winkle RA (1983) Hemodynamic effects of antiarrhythmic drugs. Am J Cardiol 52:14c–23c
3. Böcker K, Köhler E, Seipel L, Loogen F (1982) Die Wirkung von Disopyramid, Mexiletin und Propafenon nach intravenöser und oraler Gabe auf die Funktion des linken Ventrikels im M-Mode-Echokardiogramm. Z Kardiol 71:839–845
4. Bourke JP, Cowan IC, Tansuphaswisikul S, Campbell RWF (1987) Antiarrhythmic drug effects on left ventricular performance. Eur Heart J [Suppl A] 8:105–111
5. Cathcart-Rake WS, Coker JE, Atkins FL, Huffmann DH, Hassanein KM, Shen DD, Azarnoff DL (1980) The effect of concurrent oral administration of propranolol and disopyramide on cardiac function in healthy men. Circulation 61:938–945
6. Di Bianco, Gottdiener JS, Singh SN, Fletcher RD (1987) A review of the effects of disopyramide phosphate on left ventricular function and the peripheral circulation. Angiology 38:174–181
7. Elfner R, Kallmeier W, Leutz A, Achter G (1986) Dosis-Wirkungs-Beziehungen von N-Prajmaliumbitartrat unter Plasmaspiegelkontrolle. Z Kardiol 75:402–409
8. Ferlinz J, Eastophe JL, Sronow WS (1979) Effects of verapamil on myocardial performance in coronary disease. Circulation 59:313–319
9. Fitzgerald JD, Wale JL, Austin M (1972) The hemodynamic effects of propranolol, dexpropranolol, oxprenolol, practolol and (+)sotalol in anaesthetised dogs. Eur J Pharmacol 17:123–134
10. Hammermeister KE, Berth RC, Warbasse JR (1972) The comparative inotropic effects of six clinically used antiarrhythmic agents. Am Heart J 84:643–652
11. Heeg E, Reuter N (1972) Wirkung von Ajmalin, N-Propyl-ajmalin und Chinidin auf Herz und Kreislauf narkotisierter Katzen. Arch Pharmacol 272:297–306
12. Hoffmeister HM, Seipel L (1988) Vergleich der hämodynamischen Wirkungen von D-Sotalol und D,L-Sotalol. Klin Wochenschr 66:451–454
13. Hoffmeister HM, Hepp A, Seipel L (1987) Negative inotropic effect of class-I-antiarrhythmic drugs. Comparison of flecainide with disopyramide and quinidine. Eur Heart J 8:1126–1132
14. Honerjäger P, Loibl E, Steindl I, Schönsteiner G, Ulm K (1986) Negative inotropic effects of tetrodotoxin and seven class 1 antiarrhythmic drugs in relation to sodium channel blockade. Arch Pharmacol 332:184–195

15. Kato R, Takeda N, Yabek SM, Kannan R, Singh BN (1986) Electrophysiologic effects of the levo- and dextro-rotatory isomers of sotalol in isolated cardiac muscle and their in vivo pharmacokinetics. J Am Coll Cardiol 7:116–125

16. Legrand V, Materne P, Vandormeal M, Collignon P, Kulbertus HE (1985) Comparative haemodynamic effects of intravenous flecainide in patients with and without heart failure and with and without beta-blocker therapy. Eur Heart J 6:664–671

17. Mertens HM, Schelbert HR, Kreuzer H, Spiller P, Schmiel FK (1973) Wirkung von N-(n-Propyl)-ajmalinium-hydrogentartrat auf die Hämodynamik des Hundes. Arzneimittelforsch 23:642–645

18. Parmley WW, Chatterjee K (1986) Congestive heart failure and arrhythmias. An overview. Am J Cardiol 57:34B–37B

19. Parmley WW, Rabinowitz B, Chuck L, Benorris G, Katz JP (1972) Comparative effects of sotalol and propranolol on contractility of papillary muscles and adenyl cyclase activity of myocardial extracts of cat. J Clin Pharmacol 12:127–135

20. Rogers GG, Rosendorff C, Shimell CJ, Coull A, Bomzon L (1982) Effect of peroral administration of sotalol on the hemodynamics of the baboon. J Cardiovasc Pharmacol 4:197–204

21. Scholz H (1988) Antiarrhythmische und kardiodepressive Wirkungen antiarrhythmischer Substanzen. Z Kardiol [Suppl 5] 77:113–119

22. Seipel L (1988) Kardiale Nebenwirkungen von Antiarrhythmika. Z Kardiol 77:77–88

23. Seipel L, Hoffmeister HM (1989) Hemodynamic effects of antiarrhythmic drugs. Negative inotropy versus influence on peripheral circulation. Am J Cardiol 64:37J–40J

24. Silke B, Frais MA, Verma SP, Reynolds GW, Hafizullah M, Kalra PA, Jackson NC, Taylor SH (1986) Comparative haemodynamic effects of intravenous lignocaine, disopyramide and flecainide in uncomplicated acute myocardial infarction. Br J Clin Pharmacol 22:707–714

25. Singh BN, Nademanee K (1985) Control of cardiac arrhythmias by selective lengthening or repolarization. Theoretic considerations and clinical observations. Am Heart J 109:421–430

26. Sowton E, Sullivan ID, Crick JCP (1984) Acute haemodynamic effects of ajmaline and prajmaline in patients with coronary heart disease. Eur J Clin Pharmacol 26:147–150

27. Walsh RA, Horwitz LD (1979) Adverse hemodynamic effects of intravenous disopyramide compared with quinidine in conscious dogs. Circulation 60:1053–1058

28. Wester HA, Mouselimis N (1982) Einfluß von Antiarrhythmika auf die Myokardfunktion. Dtsch Med Wochenschr 107:1262–1266

29. Wilson JR (1987) Use of antiarrhythmic drugs in patients with heart failure, clinical efficacy, hemodynamic results, and relation to survival. Circulation [Suppl] 75/IV:64–73

30. Wisenberg G, Zawadowski AG, Gebhardt VA, Prato FS, Goddard MD, Nichol PM, Rechnitzer PA, Gryfe-Becker B (1984) Effects on ventricular function of disopyramide, procainamide and quinidine as determined by radionuclide angiography. Am J Cardiol 53:1292–1297

Blutspiegelbestimmung und Pharmakodynamik der Antiarrhythmika *

J. Nitsch, B. Lüderitz

Die Effektivität der antiarrhythmischen Therapie nimmt mit steigenden Plasmakonzentrationen zu [20]. Bei höheren Plasmakonzentrationen steigt jedoch die Häufigkeit der dosisabhängigen Nebenwirkungen ebenfalls. Als therapeutischer Bereich der Antiarrhythmika kann somit ein Plasmakonzentrationsbereich angegeben werden, in dem eine Wirksamkeit hoch ist und gravierende Nebenwirkungen selten auftreten, d. h. der therapeutische Bereich wird durch die Häufigkeit von Therapieerfolg und dosisabhängigen Nebenwirkungen eingegrenzt. Plasmaspiegel unterhalb des therapeutischen Bereichs trotz ausreichender Dosierung werden beobachtet bei:

1) reduzierter Absorption (verminderte gastrointestinale Durchblutung und Motilität bei Herzinsuffizienz),
2) Zunahme des Verteilungsvolumens (Alter, Körpergewicht),
3) Arzneimittelinteraktionen (Enzyminduktion, verminderte Resorption),
4) Zunahme der renalen Elimination (Änderung des Urin-pH-Werts).

Plasmakonzentrationen oberhalb des therapeutischen Bereichs treten auf bei:

1) reduzierter Elimination (Nieren-, Herz-, Leberinsuffizienz),
2) reduzierter Elimination im Alter, bei genetischer Disposition,
3) verminderter Eiweißbindung,
4) Arzneimittelinteraktionen.

Somit ergibt sich bei fehlender antiarrhythmischer Wirksamkeit und dosisabhängigen Nebenwirkungen eine Indikation zur Messung der Antiarrhythmikaplasmakonzentrationen.

Herzinsuffizienz

Die Absorption oral verabreichter Pharmaka ist bei Herzinsuffizienz und besonders bei kardiogenem Schock durch die verminderte Durchblutung im Gastrointestinaltrakt und die gestörte gastrointestinale Motilität reduziert [4, 6, 10]. Nach oraler Gabe von Aprindin, Chinidin, Digoxin und Procainamid wurde eine erniedrigte Absorption bei akutem Myokardinfarkt nachge-

Prof. Dr. J. Nitsch, Med. Univ.-Klinik, Innere Medizin–Kardiologie, Sigmund-Freud-Str. 25, 5300 Bonn 1

* Mit Unterstützung der Deutschen Forschungsgemeinschaft (DFG Ni 241/1–2)

wiesen, die sich unter klinischen Bedingungen jedoch nicht auf die Plasmaspiegel auszuwirken scheint [5, 9, 15, 16]. Ursache hierfür ist, daß weitere pharmakokinetische Änderungen mit entgegengesetzten Auswirkungen vorliegen, z. B. kommt es zu einer Abnahme des Verteilungsvolumens. Somit können bei Herzinsuffizienz und oraler Gabe die Plasmaspiegel annähernd im Normbereich bleiben.

Eine höhergradige Herzinsuffizienz beeinflußt neben Absorption und Verteilung auch die Elimination von Pharmaka. Dieser Zusammenhang ist von besonderer klinischer Bedeutung, da Antiarrhythmika eine negativ-inotrope Wirkung zeigen und häufig bei Herzinsuffizienz gegeben werden, z. B. bei kardiogenem Schock im Verlauf eines Myokardinfarkts. Andererseits können Herzrhythmusstörungen zu einem linksventrikulären Pumpversagen führen.

Toxische Konzentrationsbereiche mit entsprechenden Symptomen werden jedoch nur dann erreicht, wenn eine eingeschränkte Organperfusion zu einer Reduktion des Verteilungsvolumens führt *und* eine blutflußabhängige renale oder hepatische Elimination vorliegt. So kommt es bei Patienten mit Herzversagen bei Lidocaintherapie mit der üblichen Dosierung zu einer erhöhten Inzidenz von kardialen und zentralnervösen Nebenwirkungen [25, 29].

Mexiletin

Für das von uns untersuchte Antiarrhythmikum Mexiletin ist festzustellen, daß keine erhöhten Plasmaspiegel bei Herzinsuffizienz und oraler Dauertherapie (600 mg/die) gefunden wurden. Überwiegend renal eliminierte Substanzen weisen bei eingeschränkter Nierenfunktion eine verzögerte Elimination auf. Von den meisten Antiarrhythmika werden unverändert weniger als 20 % über die Nieren ausgeschieden. Übereinstimmend mit diesen pharmakokinetischen Daten wurden von uns keine signifikant erhöhten Mexiletinplasmaspiegel bei Niereninsuffizienz oder reduzierter Nierenperfusion bei Herzinsuffizienz gefunden (Abb. 1) [24].

Die renale Clearance kann mit steigenden Plasmakonzentrationen zunehmen, dies wurde für Disopyramid gezeigt [18]. Eine konzentrationsabhängige Plasmaproteinbindung ist dafür verantwortlich, daß bei hohen Plasmakonzentrationen der Anteil der freien ungebundenen Substanz und damit die renale Clearance zunimmt. Dadurch wird der Einfluß der geänderten Proteinbindung auf die Konzentration freier antiarrhythmisch wirksamer Substanzen im Serum kompensiert [7, 13].

Die hepatische Clearance eines Arzneimittels hängt von der Kapazität der Leberzelle zur Elimination und vom Leberblutfluß ab. Bei flußlimitiert hepatisch eliminierten Substanzen führt eine Reduktion der Leberdurchblutung, z. B. bei Herzinsuffizienz, zu einer Abnahme der hepatischen Elimination. So verlängert sich die Eliminationshalbwertzeit von Lidocain durch eine hepatische Minderperfusion, parallel mit dem Herzzeitvolumen nehmen Elimination ab und Blutspiegel zu [29]. Im Gegensatz zu flußlimitiert eliminierten

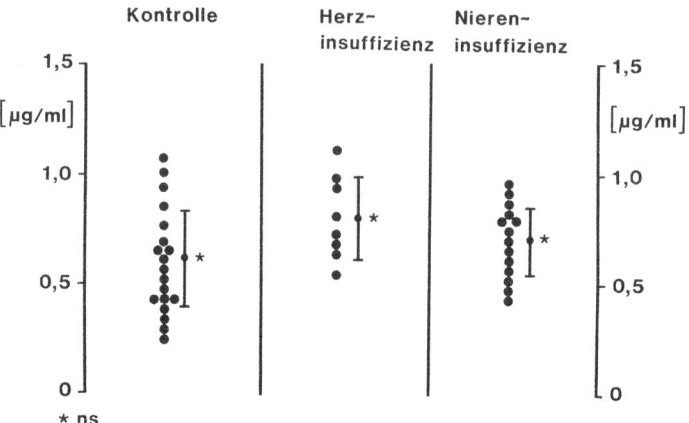

Abb. 1. Mexiletinplasmakonzentrationen bei Patienten mit Herzinsuffizienz (n = 8; Herzindex unter 2,2 l/min/m²) bzw. Niereninsuffizienz (n = 14; Kreatinin 1,8 – 6,3 mg/100 ml) und einer Dosierung von 3 × 200 mg/die (Kontrolle n = 19)

Medikamenten hängt die Clearance bei niedriger Extraktionsfraktion (unter 30 %) nur im geringen Ausmaß vom Leberblutfluß ab. Im Vergleich der hepatisch eliminierten Antiarrhythmika Lidocain und Mexiletin führte eine reduzierte Leberperfusion bei Herzinsuffizienz nicht zu einer Wirkstoffkumulation von Mexiletin (Abb. 1). Demnach liegt für Mexiletin eine hepatische Elimination vor, die vom Leberblutfluß relativ unabhängig ist und durch die metabolische Kapazität der Leberzelle zur Elimination limitiert wird.

Im Vergleich zur Kontrollgruppe wiesen Patienten mit Leberinsuffizienz signifikant erhöhte Plasmaspiegel von Mexiletin auf (Abb. 2). Bei 9 Patienten mit chronischer Lebererkrankung und einer Tagesdosis von 600 mg Mexiletin zeigte sich eine deutliche Streuung, der Mittelwert betrug 2,21 ± 0,94 µg/ml (Kontrolle 0,6 ± 0,22 µg/ml; Abb. 2). Bei einem Patienten wurde eine Serumkonzentration von 4,48 µg/ml nachgewiesen; 3 von 9 Patienten litten unter gravierenden Nebenwirkungen (Übelkeit, Schwindel, Hypotension und Erbrechen).

Flecainid

Die Inzidenz von proarrhythmischen Effekten und die Induktion maligner ventrikulärer Tachyarrhythmien durch Flecainid nimmt bei Patienten mit schwerer Herzinsuffizienz zu [19, 26]. Eine mögliche Erklärung ist eine Abnahme der Flecainidelimination mit konsekutiv erhöhten Plasmakonzentrationen bei reduzierter linksventrikulärer Funktion. Wir untersuchten, inwieweit erhöhte Flecainidplasmakonzentrationen unter Dauermedikation bei Patienten mit Herzinsuffizienz auftreten. Bei 42 Patienten mit Flecainiddauertherapie (2mal 100 mg per os täglich) wurden die Plasmakonzentrationen

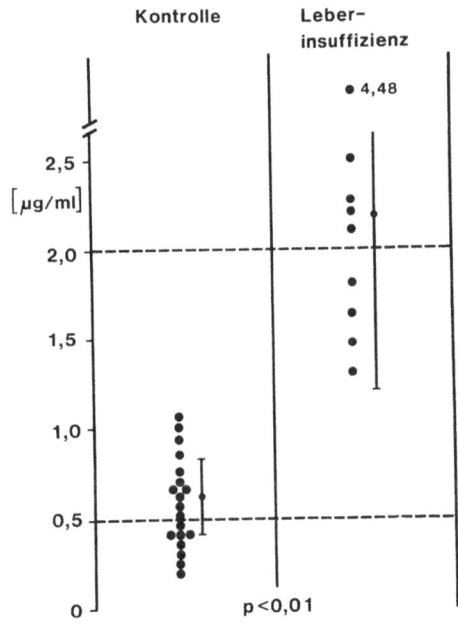

Abb. 2. Mexiletinplasmakonzentrationen bei Patienten mit chronischer Lebererkrankung (n = 9; klinisches Bild einer Leberzirrhose, Cholinesterase unter 2100 mU/ml, verlängerte Prothrombinzeit, Bilirubin über 1,5 mg/100 ml) und einer Dosierung von 3 × 200 mg/die (Kontrolle n = 19)

vor der Morgendosis bestimmt und mit dem klinischen Schweregrad bzw. der lävokardiographisch erfaßten globalen Auswurffraktion korreliert.

Ergebnisse: Die mittlere Flecainidplasmakonzentration betrug 415 ± 244 ng/ml (110–1035 ng/ml), die Herzinsuffizienzsymptomatik wurde den klinischen Schweregraden I–II (n = 12), III (n = 11) und IV (n = 1) zugeordnet. Bei 7 Patienten wurden Plasmakonzentrationen über 700 ng/ml (Mittelwert 870 ± 150 ng/ml) festgestellt. Bei ihnen bestand der klinische Schweregrad III (n = 6) oder IV (n = 1), und die Auswurffraktionen betrugen 24, 25, 25, 30, 33, 37 und 44%; 2 Patienten (Auswurffraktion 24 bzw. 25%) wiesen morgendliche Plasmakonzentrationen im Bereich über 1000 ng/ml auf.

Bei 26 Patienten mit einer Auswurffraktion über 50% (keine Symptome: n = 18; klinischer Schweregrad I–II: n = 8) lagen die Flecainidkonzentrationen zwischen 110 und 580 ng/ml (Abb. 3). Bei 16 der 42 Patienten mit einer Auswurffraktion unter 50% fand sich eine relativ weite Streuung. Die Flecainidkonzentrationen lagen in dieser Gruppe zwischen 155 und 1070 ng/ml.

Somit fanden sich erhöhte morgendliche Flecainidspiegel über 700 ng/ml ausschließlich bei Patienten mit einer schweren Herzinsuffizienz, die durch den klinischen Schweregrad und eine reduzierte globale Auswurffraktion definiert wurde. Gravierende Nebenwirkungen unter Flecainid korrelieren mit Plasmakonzentrationen und sind bei hohen Blutspiegeln häufiger. Bei Patienten mit ausgeprägter Reduzierung der linksventrikulären Pumpfunktion ist eine Dosisreduktion bzw. eine Kontrolle der Plasmakonzentrationen sinnvoll [23]. Dadurch könnte die Therapie mit einem besonders wirksamen Antiarrhythmikum risikoärmer durchgeführt werden.

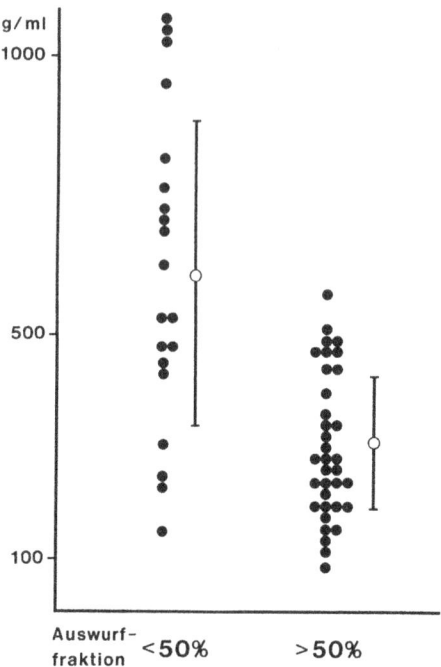

Abb. 3. Flecainidplasmakonzentrationen bei Patienten (Flecainiddauertherapie 200 mg/die) mit einer lävokardiographisch ermittelten linksventrikulären Auswurffraktion unter 50 % (n = 16) und über 50 % (n = 26)

Ajmalin, Prajmaliumbitartrat

Über das Rauwolfiaalkaloid Ajmalin bzw. Prajmaliumbitartrat gibt es bislang keine umfassenden pharmakokinetischen Untersuchungen. Studien über Plasmakonzentrationen bei Herz- oder Niereninsuffizienz werden in den nächsten Monaten abgeschlossen sein. Die Elimination erfolgt überwiegend durch Biotransformation in der Leber und biliäre Exkretion. Die renale Ausscheidung der unveränderten Substanz und der Metaboliten liegt unter 30 % [28]. Somit ist davon auszugehen, daß es bei Herzinsuffizienz nicht zu einer Kumulation der Substanz kommt.

Arzneimittelinteraktionen

Die hepatische Clearance kann durch Enzyminduktion gesteigert werden. Resultierende niedrige Plasmaspiegel sind denkbar und wurden für Disopyramid bei einer Enzyminduktion mit Rifampicin oder Phenytoin beschrieben [1]. Niedrige Plasmaspiegel durch Zunahme der renalen Elimination können ebenfalls auftreten. So ist der unverändert renal eliminierte Anteil von Mexiletin variabel und ändert sich mit dem pH-Wert des Urins [11]. Der Anteil wurde bei einem pH-Wert von 5 mit 50 % und bei einem pH-Wert von 8 mit 1 % angegeben [14]. Möglicherweise ist die erhöhte renale Clearance von Mexiletin bei pH-Abnahme des Urins mit für die relativ weite Streuung der Plasmaspiegel verantwortlich. Zahlreiche Pharmaka werden konkurrierend durch die hepatischen Monooxygenasen metabolisiert. Für Cimetidin wurde eine Hemmung des mikrosomalen Metabolismus in der Leber angenommen, der zu einer verzögerten Elimination der Modellsubstanz Antipyrin führt. Auch für Antiarrhythmika wurden auf diesen Mechanismen beruhende Arzneimittelinteraktionen beschrieben. Niedrige Plasmaspiegel aufgrund von Arzneimittelinteraktionen wurden von uns berichtet (Amiodaron/Cholestyramin, Flecainid/Aktivkohle). Diese Wechselwirkungen sollen beschrieben werden, da sich aus ihrer Kenntnis auch therapeutische Konsequenzen bei Überdosierungen und Intoxikationen ableiten lassen.

Beschleunigte Elimination von Amiodaron durch Cholestyramin

Arzneimittelinteraktionen mit Wirkungsabschwächungen sind auf eine reduzierte tubuläre Rückresorption durch eine geänderte Lipidlöslichkeit, eine Enzyminduktion und eine Resorptionsbehinderung zurückzuführen. Wir untersuchten, inwieweit eine Arzneimittelinteraktion zwischen dem Anionenaustauscher Cholestyramin und Amiodaron vorliegt [22]. Bei den Patienten wurden die Plasmakonzentrationen von Amiodaron und dem Metaboliten Desethylamiodaron ohne und mit gleichzeitiger Gabe von Cholestyramin gemessen. Amiodaron wurde oral als Einzeldosis von 400 mg gegeben. Zusätzlich wurden Plasmaspiegel über mehrere Wochen und die Eliminationshalbwertzeiten bei 3 Patienten unter Cholestyraminmedikation bestimmt, bei denen eine lang dauernde Amiodarontherapie wegen nicht tolerabler Nebenwirkungen abgebrochen wurde. Die Patienten erhielten 4mal 4 g Cholestyramin.

Ergebnisse: In Abb. 4 sind die Mittelwerte der Amiodaronplasmakonzentrationen (n = 11) ohne und mit Cholestyraminmedikation dargestellt. Die erste Cholestyramingabe erfolgte am Tag 2 erst nach 90 min, so daß die Amiodaronplasmakonzentration zu diesem Zeitpunkt unbeeinflußt blieb. Dementsprechend ergaben sich am Tag 1 und 2 90 min nach der Amiodarongabe annähernd identische Mittelwerte. Auch die Amiodaronkonzentrationen nach 3 h und 5 h waren nicht signifikant unterschiedlich. 5,5 und 7,5 h nach der Einzeldosis fanden wir jedoch unter Cholestyramin deutlich niedrigere Plasmakonzentrationen (Abb. 4). Nach Absetzen einer Amiodaronlangzeittherapie zeigten sich unter einer kontinuierlich durchgeführten Cholestyraminmedikation Eliminationshalbwertzeiten von 23½, 29 und 32 Tagen (Kontrolle zwischen 35 und 58 Tagen, n = 8).

Die biliäre Exkretion und die enterohepatische Zirkulation charakterisieren die Elimination von Amiodaron. Aus den Ergebnissen der vorliegenden Untersuchung ergibt sich, daß die Gabe von Cholestyramin ein wichtiges Behandlungsprinzip darstellen kann, wenn unter Amiodaron gravierende – evtl. lebensbedrohliche – Komplikationen auftreten. Unter der hochdosierten Gabe von Anionenaustauschern ist eine Zunahme der Elimination zu erwarten [22].

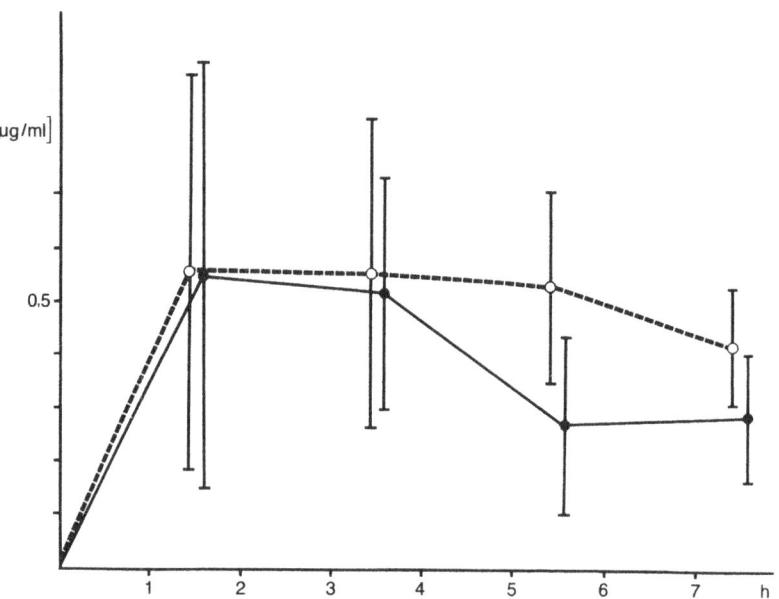

Abb. 4. Mittelwerte mit Standardabweichung der Amiodaronkonzentrationen (n = 11) ohne und mit Cholestyramin. ○ Tag 1 ohne Cholestyramin, ● Tag 2 mit Cholestyramin

Hemmung der Flecainidresorption durch Aktivkohle

Der Einfluß von Aktivkohle auf die Resorption bzw. Elimination von Flecainid wurde untersucht, um Schlußfolgerungen für die orale Flecainidtherapie bzw. -intoxikation abzuleiten. Bei 8 männlichen Probanden wurden die Plasmakonzentrationen von Flecainid ohne und mit gleichzeitiger Gabe von Aktivkohle gemessen. Flecainid wurde als 200-mg-Einzeldosis an den Tagen 1–3 per os gegeben. Am Tag 2 und 3 wurde zusätzlich zur Flecainideinzeldosis 30 g Kohle (aufgelöst in 60–100 ml Wasser) eingenommen: am Tag 2 gleichzeitig, am Tag 3 90 min später.

Ergebnisse: Das Maximum der Plasmakonzentrationen wurde 2 h nach Medikation mit 266 ± 30 ng/ml erreicht. Bei gleichzeitiger Einnahme von 30 g Kohle war bei allen Probanden 2, 4 und 6 h nach Medikation kein Flecainid im Plasma nachweisbar (Abb. 5). Bei verzögerter Gabe von 30 g Kohle nach 90 min war nach 4 und 6 h ein Absinken der Flecainidplasmakonzentrationen nachweisbar: 199 ± 49 bzw. 155 ± 42 ng/ml (Kontrolle 232 ± 27 bzw. 231 ± 51 ng/ml).

Die klinische Bedeutung von Kohleapplikation bezieht sich somit auf eine reduzierte Resorption und beschleunigte Elimination bei Flecainidüberdosierungen bzw. -intoxikationen und bei Auftreten gravierender Nebenwirkungen [23]. Bei einer therapeutischen Gabe von Aktivkohle ist zu berücksichtigen, daß bei gleichzeitiger Flecainidmedikation eine Wirkungsabschwächung von Flecainid auftreten kann [10].

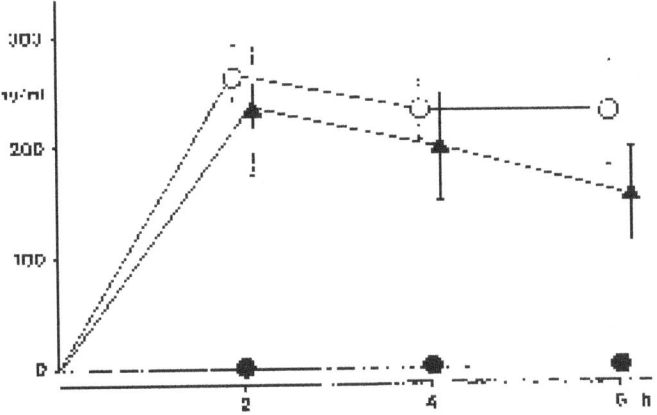

Abb. 5 Plasmakonzentrationen nach einer 300 mg Initialdosis ohne Kohle (○ Kontrolle), bei gleichzeitiger Einnahme von 30 g Kohle (●) und bei Einnahme von 30 g Kohle nach einer Latenzzeit von 30 min (▲)

Intravenöse Akuttherapie

Die Effekte der antiarrhythmisch wirksamen Substanzen korrelieren mit den myokardialen Pharmakakonzentrationen [2, 8]. Die Substanzen werden intensiv im Myokard akkumuliert. Darauf weisen Studien hin, in deren Verlauf Konzentrationen der Pharmaka in Myokardproben bestimmt wurden, die bei herzchirurgischen Eingriffen oder bei Autopsien gewonnen werden [3, 17, 20].

Quotienten aus Myokard- und Plasmakonzentration reflektieren die relative Konzentration des Antiarrhythmikums zu einem Zeitpunkt, die Aufnahme im Interstitium und die Bindung an Proteine und Lipide. Da die Myokardkonzentrationen bei Patienten routinemäßig nicht erfaßt werden können, werden Konzentrationsbestimmungen im Plasma herangezogen, um die Konzentration am Wirkort abzuschätzen. Diese Korrelation zwischen Plasma- und Myokardkonzentrationen besteht jedoch nicht bei Akutapplikation, da ein Äquilibrium nicht erreicht ist. Nur wenige Untersuchungsergebnisse liegen zum zeitlichen Verlauf der Myokardakkumulation vor, so daß nicht bekannt ist, welche Faktoren bei akuten Änderungen der Plasmakonzentrationen die Myokardkonzentrationen von Antiarrhythmika beeinflussen und inwieweit sich Antiarrhythmika verschiedener Substanzgruppen unterscheiden. Durch die simultane Messung arterieller und koronarvenöser Konzentrationen versuchen wir, eine möglicherweise differente Kinetik der myokardialen Aufnahme von Lidocain, Mexiletin und Amiodaron nach Akutapplikation zu erfassen. Die Untersuchung wurde bei 35 Patienten mit koronarer Herzkrankheit im Rahmen einer Herzkatheterdiagnostik durchgeführt. Das Antiarrhythmikum wurde innerhalb von 45 s injiziert. Gegeben

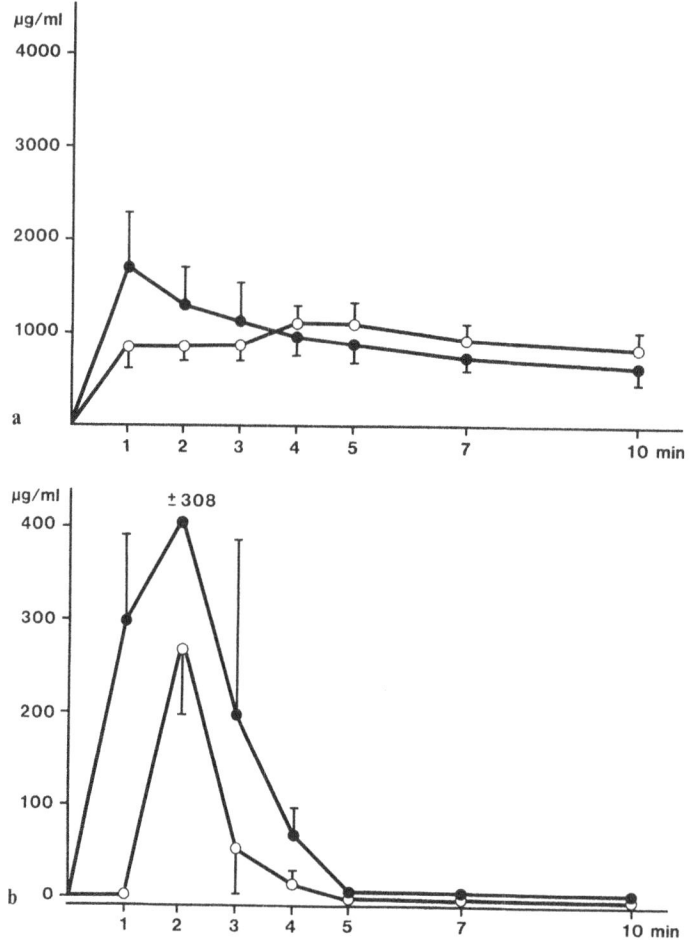

Abb. 6a, b. Vergleich der Konzentrationen in der Aorta (●) und im Koronarsinus (○) nach Akutapplikation von (**a**) 25 mg Lidocain und (**b**) 100 mg Mexiletin

wurde 25 mg Lidocain (n = 10), 100 mg Mexiletin (n = 10) oder 25 mg Amiodaron (n = 10). Aus dem Koronarsinus und der Aorta wurden simultan 1–7 und 10 min nach Injektionsbeginn jeweils 5 ml Blut entnommen, d. h. die 1. Blutentnahme erfolgte 15 s nach Abschluß der i. v.-Applikation.

Ergebnisse: Abbildung 6 zeigt den zeitlichen Verlauf der Konzentrationen in der Aorta und im Koronarsinus nach i. v.-Applikation von Lidocain und Mexiletin. Die Nettoaufnahme der Antiarrhythmika ist nach 4–5 min abgeschlossen, d. h. nach diesem Zeitpunkt übersteigt die Konzentration im Koronarsinus diejenige in der Aorta (Lidocain) oder unterscheidet sich nicht signifikant (Mexiletin, Amiodaron). Der Konzentrationsverlauf in der Aorta und im Koronarsinus ist für Lidocain und Amiodaron ähnlich. Einen deutlichen Unterschied zeigt jedoch der zeitliche Verlauf der Mexiletinkonzentrationen: 15 s nach Abschluß der Injektion ist kein Mexiletin im Koronarsinus nachweisbar, noch bis zur 2. Minute nach Injektionsbeginn ist ein Anstieg der Konzentrationen in der Aorta festzustellen, nach der 5. Minute ist keine Substanz arteriell oder koronarvenös nachweisbar.

Möglicherweise aufgrund einer höheren In-vivo-Lipidlöslichkeit wird Mexiletin in den ersten Minuten nach i.v.-Gabe vollständig im Myokard aufgenommen, so daß die Substanz gar nicht oder nur in sehr geringen Konzentrationen im Koronarsinus nachgewiesen werden kann. Daraus ergibt sich zusätzlich zu elektrophysiologischen Eigenschaften ein pharmakokinetisches Korrelat für eine besonders hohe Akutwirksamkeit. In Übereinstimmung mit diesen pharmakokinetischen Daten war in vergleichenden Studien bei ventrikulären Tachykardien und akutem Myokardinfarkt Mexiletin effektiver als Lidocain [27]. Weiterhin tragen die Untersuchungsergebnisse zum Verständnis der klinischen Daten über eine hohe Effektivität von Amiodaron bei Akutapplikation bei, da trotz eines ungewöhnlich großen Verteilungsvolumens Hinweise für hohe Myokardkonzentrationen bei Akutgabe gefunden wurden [12].

Zusammenfassung

Plasmaspiegelbestimmungen werden herangezogen, um bei geringer Effektivität, trotz ausreichender Dosierung oder bei auftretenden Nebenwirkungen differentialdiagnostisch zu klären, ob Plasmakonzentrationen unter- bzw. oberhalb des therapeutischen Bereichs vorliegen. Dabei wird von der Vorstellung ausgegangen, daß sich zwischen Plasma- und Gewebekonzentrationen, z.B. Myokardkonzentrationen, unter Dauertherapie ein Äquilibrium einstellt. Der Kontrolle der antiarrhythmischen Therapie tachykarder Rhythmusstörungen anhand der Plasmaspiegel kommt eine besondere Bedeutung bei Arzneimittelinteraktionen und krankheitsbedingten Änderungen der Pharmakokinetik zu. Zu nennen sind Nieren-, Herz- und Leberinsuffizienz und gastrointestinale Erkrankungen, die zu Störungen der Absorption, Verteilung und Elimination führen.

Plasmaspiegelbestimmungen von Antiarrhythmika sind ein Kriterium in der Therapiekontrolle tachykarder Arrhythmien und müssen in Zusammenhang mit Anamnese, nichtinvasiven und invasiven Untersuchungsergebnissen gewertet werden. Die antiarrhythmische Therapiekontrolle bei selten auftretenden paroxysmalen Tachykardien und die Prophylaxe bedrohlicher Nebenwirkungen können durch Messungen der Plasmakonzentrationen erweitert werden.

Literatur

1. Aito ML (1981) The effect of enzyme induction on the metabolism of disopyramide in man. Br J Clin Pharmacol 11:279–285
2. Anderson JL, Patterson E, Conlon M, Pasyk S, Pitt B, Lucchesi BR (1980) Kinetics of antifibrillatory effects of bretylium: correlation with myocardial drug concentrations. Am J Cardiol 46:583–592
3. Barbieri E, Conti F, Zampieri P, Trevi GP, Zardini P, d'Aranno V, Latini R (1986) Amiodarone and desethylamiodarone distribution in the atrium and adipose tissue of patients undergoing short- and long-term treatment with amiodarone. J Am Coll Cardiol 8:210–213
4. Bynum TE, Jacobsen ED (1975) Shock, intestinal ischemia and digitalis. Circ Shock 2:235–238
5. Crouthamel WG (1975) The effect of congestive heart failure on quinidine pharmacokinetics. Am Heart J 90:335–339
6. Crouthamel WG, Diamond L, Dittert LW, Diluisio JT (1975) Drug absorption: influence of mesenteric blood flow on intestinal drug absorption in dogs. J Pharmacol Sci 64:664–668
7. Cunningham JL, Shen DD, Shudo I, Azarnoff DL (1978) The effect of non-linear disposition kinetics on the systemic availability of disopyramide. Br J Clin Pharmacol 5:343–346
8. Gillis AM, Kates RE (1988) Effects of pH on the myocardial uptake and pharmacodynamics of propafenone in the isolated rabbit heart. J Cardiovasc Pharmacol 12:526–534
9. Hagemeijer F (1975) Absorption, half-life and toxicity of oral aprindine in patients with acute myocardial infarction. Eur J Clin Pharmacol 9:21–25
10. Jain NK, Patel VP, Pitchumoni CS (1986) Efficacy of activated charcoal in reducing intestinal gas: double-blind clinical trial. Am J Gastroenterol 81:532–535
11. Johnston A, Burgess CD, Warrington SJ, Wadsworth J, Hammer NAJ (1979) The effect of spontaneous changes in urinary pH on mexiletine plasma concentrations and excretion during chronic administration to healthy volunteers. Br J Clin Pharmacol 8:349–352
12. Kentsch M, Berkel H, Bleifeld W (1988) Intravenöse Amiodaron-Applikation bei therapierefraktärem Kammerflimmern. Intensivmedizin 25:70–74
13. Kessler KM, Lisker B, Conde C, Silver J, Ho-Tung P, Hamburg C, Myerburg RJ (1984) Abnormal quinidine binding in survivors of prehospital cardiac arrest. Am Heart J 107:665–669
14. Kiddie MA, Kaye CM, Turner P, Shaw TRD (1974) The influence of urinary pH on the elimination of mexiletine. Br J Clin Pharmacol 1:229–232
15. Koch-Weser J, Klein SW (1971) Procainamide dosage schedules, plasma concentrations and clinical effects. JAMA 215:1454–1460
16. Korhonen UR, Jounel AJ, Pakarinen AJ, Pentikainen PJ, Takkunen JT (1979) Pharmacokinetics of digoxin in patients with acute myocardial infarction. Am J Cardiol 44:1190–1194
17. Latini R, Marchi S, Riva E, Cavalli A, Cazzaniga MG, Maggioni AP, Volpi A (1987) Distribution of propafenon and its active metabolite, 5-hydroxypropafenone, in human tissues. Am Heart J 113:843–844
18. Meffin PJ, Robert EW, Winkle RA, Harapat S, Peters FA, Harrison DC (1979) Rate of concentration-dependent plasma protein binding on disopyramide disposition. Pharmacokinet Biopharm 7:29–46
19. Morganroth J, Anderson JL, Grentzkow GG (1986) Classification by type of ventricular arrhythmia predicts frequency of adverse cardiac events from flecainide. J Am Coll Cardiol 8:607–615
20. Mostow ND, Rakita L, Vrobel TR, Noon DL, Blumer J (1984) Amiodarone: Correlation of serum concentration with suppression of complex ventricular ectopic activity. Am J Cardiol 54:569–574
21. Nitsch J, Lüderitz B (1983) Serum- und Gewebskonzentrationen von Amiodaron beim Menschen und bei Tieren. In: Breithardt G, Loogen F (Hrsg) Neue Aspekte in der medikamentösen Behandlung von Tachyarrhythmien. Urban & Schwarzenberg, München Wien Baltimore, S 80–83
22. Nitsch J, Lüderitz B (1986) Beschleunigte Elimination von Amiodaron durch Colestyramin. Dtsch Med Wochenschr 11:1241–1244

23. Nitsch J, Lüderitz B (1987) Hemmung der Flecainidresorption durch Aktivkohle. Z Kardiol 76:289–291
24. Nitsch J, Steinbeck G, Lüderitz B (1982) Einfluß von Nieren-, Leber- oder Herzinsuffizienz auf den Serum-Mexiletinspiegel. Internist (Berlin) 23:291–293
25. Prescott LF, Adjepon-yamoah KK, Talbot RG (1976) Impaired lignocaine metabolism in patients with myocardial infarction and cardiac failure. Br Med J I:939–941
26. Roden DM, Woosley RL (1986) Drug therapy: flecainide. N Engl J Med 315:36–41
27. Santinelli V, Chiariello M, Stanislao M, Condorelli M (1983) Intravenous mexiletine in management of lidocaine-resistant ventricular tachycardia. Am Heart J 105:680–685
28. Schaumlöffel E (1974) Pharmakokinetische Studien mit radioaktiv markiertem N-Propyl-ajmalinium-hydrogentartrat an Ratte und Mensch. Med Welt 25:2008–2014
29. Stenson RE, Constantino RT, Harrison DC (1971) Interrelationships of hepatic blood flow, cardiac output and blood levels of lidocaine in man. Circulation 43:205–211

Therapiebedürftige Herzrhythmusstörungen aus hämodynamischer Sicht

G. STEINBECK

Hämodynamik tachykarder Rhythmusstörungen

Die wichtigsten Ursachen hämodynamischer Veränderungen durch tachykarde Rhythmusstörungen sind:

- Herzfrequenz;
- Dauer der Tachykardie;
- Vorhofkontraktion: Verlust, zeitliche Beziehung zur Ventrikelkontraktion;
- intraventrikuläre Erregungsausbreitung;
- Grunderkrankung: Ventrikelfunktion, Koronardurchblutung, Ventilfunktion.

Der kardialen Grunderkrankung kommt für das Ausmaß einer hämodynamischen Dekompensation und der damit verbundenen klinischen Symptomatik durch eine bestimmte Rhythmusstörung die entscheidende Bedeutung zu.

Mit einem Anstieg der Herzfrequenz nimmt das Schlagvolumen zunächst proportional weniger ab, so daß eine Zunahme des Herzzeitvolumens resultiert. Mit weiterer Frequenzerhöhung normalisiert sich die Herzauswurfleistung, um bei Erreichen der oberen Grenzfrequenz abzufallen (ca. 180/min bei jüngeren Herzgesunden, 200–220/min bei Sportlern). Bei älteren Patienten oder Vorliegen von Herzerkrankung kann diese obere Grenzfrequenz deutlich niedriger liegen [8, 9]. Diese Abnahme des Herzminutenvolumens durch kontinuierliche Reduktion des Schlagvolumens kommt zustande über eine Abnahme der Diastolendauer, die den diastolischen Einstrom in den Ventrikel und die Koronardurchblutung limitiert.

Zur Füllung der Ventrikel haben die Vorhöfe 2 wesentliche Funktionen: aktiv als Pumpe und passiv als Blutreservoir. Etwa 5–15 % des Schlagvolumens entfallen normalerweise auf die Vorhofsystole. Am gesunden Herzen ist die Herzauswurfleistung nur relativ geringfügig von der Pumpfunktion des Vorhofs abhängig. Vorhofflimmern wird unter diesen Umständen hämodynamisch erst dann relevant, wenn eine sehr schnelle Kammerfrequenz die passive Füllung der Ventrikel behindert. Die Vorhofkontraktion wird jedoch bedeutsamer bei höheren Kammerfrequenzen, vor allem aber bei Herzerkrankungen mit reduzierter Ventrikelfunktion. Unter diesen Umständen

Prof. Dr. G. Steinbeck, Med. Klinik I der Universität München, Klinikum Großhadern, Marchioninistr. 15, 8000 München 70

kann sie bis zu 40 % des Schlagvolumens ausmachen [6, 7]. Eine zeitgerecht einfallende Vorhofkontraktion erhöht den linksventrikulären enddiastolischen Druck, woraus über den Frank-Starling-Mechanismus eine Zunahme der Kontraktionskraft resultiert. Auf diese Weise läßt sich das Schlagvolumen des Ventrikels steigern, ohne daß es zu einem Anstieg des mittleren linken Vorhofdrucks kommt, der zum Lungenödem führen würde. Der Verlust dieses „Boostereffektes" der Vorhofkontraktion kann zu einer raschen hämodynamischen Verschlechterung führen, z. B. im Fall des Auftretens von Vorhofflimmern beim Cor pulmonale oder des Beginns einer Ventrikelstimulation wegen Sinusbradykardie bei akutem Myokardinfarkt [10]. Umgekehrt nimmt durch erfolgreiche DC-Kardioversion von Vorhofflimmern die Pumpfunktion des Herzens zu. Die stärksten Zunahmen des Herzzeitvolumens waren zu beobachten bei Patienten mit Aortenklappenfehlern und Kardiomyopathien, jedoch letztere mit Ausnahme solcher Fälle, die bereits eine ausgeprägte Dilatation des linken Ventrikels aufwiesen [5]. Eine effektive Vorhofsystole erfordert darüber hinaus eine zeitgerechte Abstimmung von Vorhof- und Ventrikelkontraktion. Dies ist der Fall, wenn das PQ-Intervall zwischen 0,1 und 0,2 s liegt [1]. Eine Asynchronie von Vorhof- und Ventrikelkontraktion kann zu einer leichten Mitralinsuffizienz führen, die aber nicht regelhaft beobachtet wird.

Erfolgt die Erregung der Kammermuskulatur nicht orthograd über das spezifische intraventrikuläre Erregungsleitungssystem, sondern hat sie einen ektopen Ursprung, so kann dies frequenzunabhängig die Pumpfunktion vermindern [4].

Anhaltende supraventrikuläre Tachykardien

Die klinische Symptomatik ist abhängig von der Höhe der Herzfrequenz wie auch Schwankungen der Frequenz, dem Verlust der Vorhofpumpfunktion, der zeitlichen Beziehung zwischen Vorhof- und Ventrikelkontraktion, einer AV-Klappeninsuffizienz, einer Aberranz der AV-Überleitung sowie schließlich, als wichtigstem Faktor, von der Grunderkrankung (Übersicht bei [13]). An Symptomatik treten entweder gar keine Beschwerden auf oder aber es kommt zu Palpitationen, ungerichteten Schwindelzuständen, Dyspnoe, Angina pectoris bzw. auch zur Synkope, v. a. zu Beginn wie auch kurz nach Beendigung der Tachykardie.

Anhaltende ventrikuläre Tachykardien

Eine anhaltende Kammertachykardie führt in Abhängigkeit in erster Linie von der Myokardfunktion zur arteriellen Hypotension und Abnahme des Herzzeitvolumens und ist durch den jederzeit möglichen Übergang zu Kammerflimmern unmittelbar lebensbedrohlich [11]. Die Symptomatik ist regelhaft gravierender als bei supraventrikulärer Tachykardie und reicht von Palpitationen, Schwindel, Dyspnoe, Angina pectoris bis zu Synkope, Lungenödem, kardiogenem Schock und schließlich plötzlichem Herztod. Bei Untersuchung während laufender Tachykardie ist eine Spaltung des 1. und 2. Herztons zu auskultieren, gelegentlich ein 3. Herzton zu hören, Vorhofpropfungen am Jugularvenenpuls zu erkennen, der 1. Herzton variabel laut und der systolische arterielle Druck alternierend. Für Details der hämodynamischen Auswirkungen anhaltender supraventrikulärer und ventrikulärer Tachykardien wird auf die Literatur verwiesen [12].

Nichtanhaltende Tachykardien

Die derzeit gebräuchlichste Definition einer anhaltenden Tachykardie ist die Dauer von mindestens 30 s bzw. eine hämodynamische Dekompensation schon vor diesem Zeitpunkt, so daß Interventionen (Medikamente, elektrische Stimulation, DC-Kardioversion) erforderlich sind zur sofortigen Unterbrechung.

Nichtanhaltende tachykarde Rhythmusstörungen umfassen daher die sehr große Bandbreite von einer supraventrikulären oder ventrikulären Extrasystole bis zu einer Tachykardiedauer von max. 30 s. Aus naheliegenden Gründen gibt es über diese sehr heterogenen Krankheitszustände nur sehr wenig Daten bezüglich hämodynamischer Konsequenzen. Eine Übersicht über die prozentuale Reduktion des koronaren, zerebralen, renalen und mesenterialen Blutflusses gibt Tabelle 1. Einzelne supraventrikuläre und ventrikuläre Extrasystolen vermindern die Koronardurchblutung demnach um 5–12%; häufige ventrikuläre Extrasystolen um bis zu 25% [2, 3]. Die Hirndurchblutung nimmt bei der Extrasystolie um bis zu 25% ab. Die renale Durchblutung wird bei häufigen ventrikulären Extrasystolen um 10% gesenkt [2].

Klinische Symptomatik tachykarder Rhythmusstörungen

Die spärliche Zahl von Publikationen zu hämodynamischen Auswirkungen nichtanhaltender tachykarder Rhythmusstörungen besagt nicht, daß die damit verbundene klinische Symptomatik klinisch ohne Bedeutung ist. Zur

Tabelle 1. Prozentuale Reduktion des Blutflusses. (Nach Corday u. Lang 1978)

Arrhythmie	Koronar	Zerebral	Renal	Mesenterial
Vorhofextrasystolie	5	7	10	–
Ventrikuläre Extrasystolie	12	12	8	–
Häufige ventrikuläre Salven	25	bis 25	10	–
Supraventrikuläre Tachykardie	35	14	18	28
Vorhofflimmern	40	bis 40	20	34
Ventrikuläre Tachykardie	60	40–75	60	–

Beurteilung der hämodynamischen Relevanz empfiehlt sich ein sorgfältiges Fahnden nach möglichen klinischen Symptomen. Neben typischer klinischer Symptomatik (Palpitation, Herzjagen, Schwindel, Synkope, plötzlicher Herztod) ist zu achten auf atypische Symptome, die Ursache einer nichtanhaltenden Rhythmusstörung sein können, beispielsweise

- Kloßgefühl im Hals,
- Kopfdruck,
- Kopfleere,
- Hustenattacken,
- Müdigkeit,
- Leistungsminderung,
- Schwächegefühl,

- präkordialer Druck,
- Dyspnoe, Lungenödem,
- Blässeanfälle,
- Flushsyndrom,
- Harndrang,
- Panikattacken,
- epileptiforme Anfälle.

Therapiebedürftigkeit aus hämodynamischer Sicht

Jede anhaltende tachykarde Rhythmusstörung, sei sie supraventrikulären oder ventrikulären Ursprungs, bedarf kurz- oder mittelfristig einer therapeutischen Intervention. Im Gegensatz dazu kann für die große Bandbreite nichtanhaltender Rhythmusstörungen keine allgemeine Regel zur Therapiebedürftigkeit aus hämodynamischer Sicht gegeben werden. Dazu ist im wesentlichen die typische oder atypische Symptomatik des Patients heranzuziehen, die abhängig ist von der Häufigkeit der Ereignisse, der Kammerfrequenz, der kardialen Grunderkrankung sowie möglicher Begleiterkrankungen und schließlich der individuellen Reaktionslage des Patients. Andere Faktoren mögen im Einzelfall die Entscheidung wesentlich modifizieren: die Prognose der Rhythmusstörung, der Anspruch des Patients an seine körperliche Leistungsfähigkeit und v. a. die gegenüber einem Nutzen abzuwä-

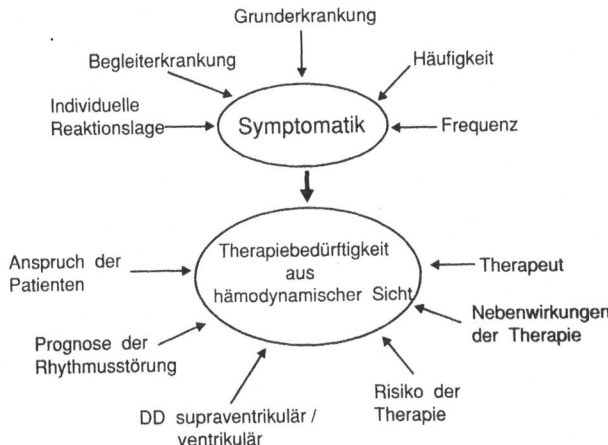

Abb. 1. Nichtanhaltende tachykarde Rhythmusstörungen

genden Risiken und Nebenwirkungen der antiarrhythmischen Therapie. Eine Übersicht über Einzelfaktoren im komplexen Entscheidungsprozeß für oder gegen eine Indikationsstellung zur Therapie nichtanhaltender tachykarder Rhythmusstörungen gibt Abb. 1. Im Einzelfall wird nicht selten ein Therapieversuch ex juvantibus zu empfehlen sein, um die kausale Verknüpfung wenig typischer Symptome mit nichtanhaltenden tachykarden Rhythmusstörungen bzw. das Verschwinden der Symptomatik mit Suppression dieser Arrhythmien im Akutversuch zu prüfen.

Zusammenfassung

Die vorliegende Arbeit gibt einen Überblick über die Ursachen hämodynamischer Veränderungen durch tachykarde Rhythmusstörungen. Bezugnehmend darauf wird auf die Klinik supraventrikulärer und ventrikulärer Tachykardien eingegangen, die in ihrer anhaltenden Form praktisch immer therapiebedürftig sind. Sehr viel weniger ist über die hämodynamischen Auswirkungen nichtanhaltender Tachykardien bekannt, die von einer Extrasystole bis zu einer Tachykardie von bis zu 30 s reichen können. Nach einer kurzen Darstellung dessen, was an Auswirkungen nichtanhaltender Tachykardien auf die Organdurchblutung bekannt ist, wird ausführlich eingegangen auf die typische und vor allem atypische klinische Symptomatik von Patienten, die hämodynamische Folgewirkung nichtanhaltender Tachykardien und damit therapiebedürftig sein kann. Für diesen Graubereich der nichtanhaltenden tachykarden Rhythmusstörungen zur Indikationstellung einer antiarrhythmischen Therapie wird dargestellt, welche Faktoren im Einzelfall für oder gegen eine Therapie abgewogen werden müssen.

Literatur

1. Brockman SK (1965) Cardiodynamics of complete heart block. Am J Cardiol 16:72–83
2. Corday E, Lang TW (1978) Altered physiology associated with cardiac arrhythmias. In: Hurst JW (ed) The heart, 4th edn. McGraw-Hill, New York, pp 628–634
3. Corday E, Gold H, De Vera LB, Williams JH, Fields J (1959) Effect of the cardiac arrhythmias on the coronary circulation. Ann Intern Med 50:535–553
4. Eber LM, Berkovits BV, Matloff JM, Gorlin R (1974) Dynamic characterization of premature ventricular beats and ventricular tachycardias. Am J Cardiol 33:378–383
5. Maria AN De, Lies JE, King JE, Miller RR, Amsterdam EA, Mason DT (1975) Echographic assessment of atrial transport, mitral movement, and ventricular performance following electroversion of supraventricular arrhythmias. Circulation 51:273–282
6. Rahimtoola SH, Ehsani A, Sinno MZ, Loeb HS, Rosen KM, Gunnar RM (1975) Importance of atrial contraction to left ventricular function after myocardial infarction. Am J Cardiol 35:164 (abstract)
7. Rodman T, Pastor PH, Figueroa W (1966) Effect on cardiac output of conversion from atrial fibrillation to normal sinus mechanism. Am J Med 41:249–258

8. Schlepper M, Thormann J (1978) Bradykardes und tachykardes Herzversagen. Verh Dtsch Ges Kreislaufforsch 44:99–107
9. Schwiegk H, Riecker G (1960) Pathophysiologie der Herzinsuffizienz. In: Bergmann G v, Frey W, Schwiegk H (Hrsg) 4. Aufl. Springer, Berlin Göttingen Heidelberg (Handbuch der inneren Medizin, Bd 9/1, S 66)
10. Sinno MZ, Gunnar RM (1976) Hemodynamic consequences of cardiac dysrhythmias. Med Clin North Am 60:69–80
11. Steinbeck G (1984) Die rhythmogene Herzinsuffizienz: In: Riecker G (Hrsg) Herzinsuffizienz, 5. Aufl. Springer, Berlin Heidelberg New York Tokyo (Handbuch der inneren Medizin, Bd 9/4)
12. Thorman J (1988) Klinische Gesichtspunkte zur Hämodynamik bei Herzrhythmusstörungen und während antiarrhythmischer Behandlung. Z Kardiol [Suppl 5] 77:121–136
13. Yusoff K, Tai YT, Campbell RWF (1988) Hemodynamic consequences of supraventricular tachycardias and their antiarrhythmic treatment. Z Kardiol [Suppl 5] 77:137–142

Herzrhythmusstörungen bei Kardiomyopathien

K.-H. Kuck

Ventrikuläre Herzrhythmusstörungen finden sich häufig sowohl bei hypertrophen [15] als auch bei dilatativen Kardiomyopathien [25]. Während der direkte Zusammenhang zwischen ventrikulären Herzrhythmusstörungen in Form von nichtanhaltenden Kammertachykardien und dem plötzlichen Herztod bei der hypertrophen Kardiomyopathie gesichert ist [22, 23], bleibt ein derartiger Zusammenhang bei der idiopathischen dilatativen Kardiomyopathie umstritten. Es ist sicher gerechtfertigt, bei den meisten Kardiomyopathien davon auszugehen, daß Rhythmusstörungen Folge der Herzmuskelerkrankung sind und also ein sekundäres Problem, ein Symptom der Erkrankung darstellen. Es gibt jedoch auch Hinweise, daß permanent bestehende supraventrikuläre wie auch ventrikuläre Herzrhythmusstörungen per se zu einer Verschlechterung der linksventrikulären Funktion führen können, also das primäre Problem darstellen. In diesem Fall spricht man von einer tachykardieinduzierten Kardiomyopathie [6].

Tachykardieinduzierte Kardiomyopathie

Die akute Verschlechterung der linksventrikulären Funktion beim Auftreten von paroxysmalen supraventrikulären oder ventrikulären Tachykardien (VT) in Abhängigkeit von der Tachykardiefrequenz und der zugrundeliegenden Herzerkrankung ist bekannt [31]. Bereits 1974 wurde jedoch darauf hingewiesen, daß chronische, permanent bestehende Tachykardien mit langsamer Herzfrequenz zu einer linksventrikulären Dysfunktion führen können, die mit oder ohne Zeichen einer Herzinsuffizienz einhergehen können [6]. Da derartige Tachykardien in der Regel angeboren sind, bildet sich die Kardiomyopathie meistens bereits im Kindesalter aus und kann, wenn nicht rechtzeitig erkannt, zum Tode der Patienten führen [14].

Bei Kindern findet sich häufig als zugrundeliegende Herzrhythmusstörung eine atrioventrikuläre „Reentry"-Tachykardie vom permanenten Typ, die eine retrograd langsam leitende, posteroseptal gelegene akzessorische Leitungsbahn einbezieht ([2]; Abb. 1 und 2). Automatische Rhythmen, entweder in Form der ektopen Vorhoftachykardie oder der ektopen junktionalen Tachykardie, können ebenfalls zur Herzinsuffizienz führen [8, 14]. Ob-

Prof. Dr. K.-H. Kuck, Kardiologische Abteilung, Univ.-Krankenhaus Eppendorf, Martinistr. 52, 2000 Hamburg 20

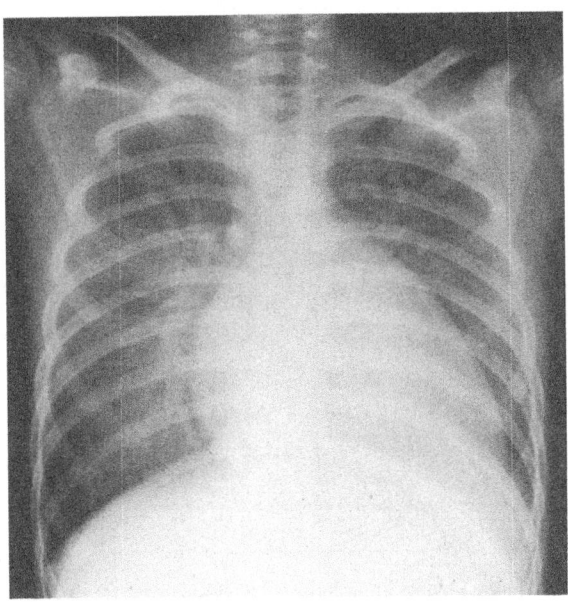

a

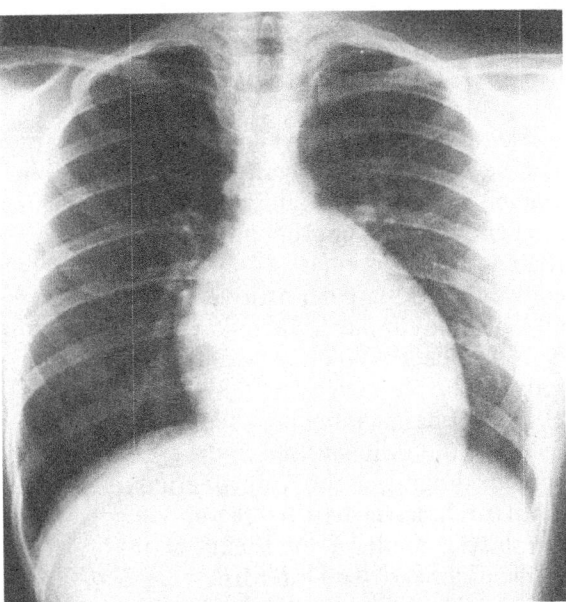

b

Abb. 1 a, b. Röntgenbilder eines 10jährigen Jungen mit seit Geburt bestehender atrioventrikulärer Reentrytachykardie vom permanenten Typ. **a** Infolge der permanenten Tachykardie ist es zu einer deutlichen Herzvergrößerung und pulmonalen Stauung gekommen. **b** Kontrolle 6 Monate nach Beseitigung der Tachykardie durch Katheterablation. Das Herz ist deutlich kleiner geworden, Zeichen einer Lungenstauung liegen nicht mehr vor

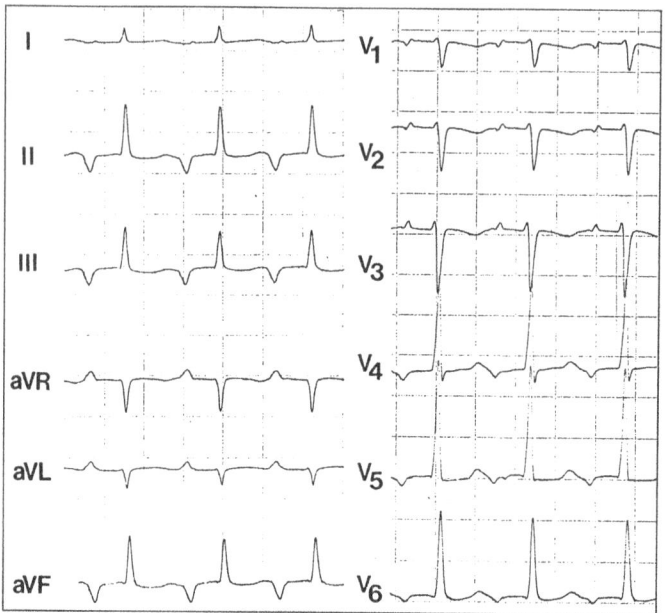

Abb. 2. 12-Kanal-EKG der atrioventrikulären Reentrytachykardie vom permanenten Typ. Das EKG ist vom selben Patienten wie die Röntgenbilder in Abb. 1. Die Tachykardiefrequenz beträgt 140/min. Zu beachten sind die negativen P-Wellen in Ableitung II, III und aVF infolge der posteroseptalen Lage der akzessorischen Leitungsbahn. Aufgrund der langsamen Leitungseigenschaften der Leitungsbahn ist das RP-Intervall größer als das PR-Intervall

wohl die meisten Berichte über die tachykardieinduzierte Kardiomyopathie nur kleine Fallzahlen beinhalten oder sogar nur Fallbeschreibungen darstellen, besteht kein Zweifel, daß eine vollständige Unterdrückung der Tachykardien zu einer deutlichen Verbesserung der linskventrikulären Funktion bis hin zur Normalisierung führen kann [10, 17, 27, 33]. Es ist aber zu betonen, daß die medikamentöse Behandlung der atrioventrikulären Tachykardie und der ektopen Vorhof- und junktionalen Tachykardien häufig erfolglos bleibt trotz der Gabe verschiedener Wirksubstanzen wie Digoxin, β-Blocker, Klasse-I A-Antiarrhythmika, Verapamil und Amiodaron [3, 10].

In einer prospektiven Untersuchung bei 18 Patienten mit chronisch-atrialen (n = 15; Abb. 3) oder junktionalen (n = 3) ektopen Tachykardien hatten 6 Patienten eine echokardiographische Vergrößerung des linken Ventrikels (enddiastolischer LV-Durchmesser 65 ± 8 mm) und eine Einschränkung der radionuklidangiographisch bestimmten Ejektionsfraktion von 21 ± 5 %. Nach erfolgreicher medikamentöser Unterdrückung der Tachykardien mit den Klasse-I C-Antiarrhythmika Encainid bzw. Flecainid verbesserte sich die Ejektionsfraktion nach im Mittel 12 Monaten auf 38 ± 8 % [16].

Der Befund der tachykardieinduzierten Kardiomyopathie führt zu einigen wichtigen Schlußfolgerungen:

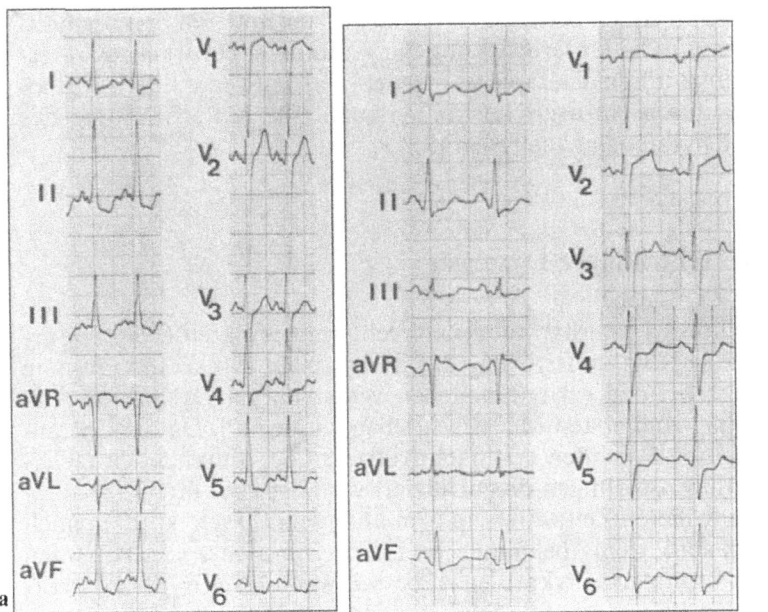

Abb. 3a, b. 12-Kanal-EKG eines Patienten vor und nach oraler Gabe von Encainid (150 mg/ Tag). Die linke Abbildung (**a**) zeigt eine ektope Vorhoftachykardie mit einer Frequenz von 150/min. Die rechte Abbildung (**b**) zeigt einen regulären Sinusrhythmus unter der oralen Encainid-therapie mit einer Frequenz von 80/min. Zu beachten ist die veränderte Morphologie der P-Welle

1) Bei allen Patienten mit kongestiver Kardiomyopathie muß das Vorliegen einer chronischen Tachykardie ausgeschlossen werden. Obwohl die Wahrscheinlichkeit des Nachweises einer solchen Tachykardie bei einem Patienten mit dilatativer Kardiomyopathie gering ist, ist es wichtig, diese Diagnose nicht zu übersehen, da durch Beseitigung der Tachykardie eine Verbesserung der linksventrikulären Funktion erreicht werden kann.

2) Der Schlüssel zur richtigen Diagnose der „Tachykardiomyopathie" liegt im Nachweis einer permanent erhöhten Herzfrequenz, auch während des Schlafs. Dabei sollte beachtet werden, daß trotz der erhöhten Herzfrequenz Frequenzvariationen infolge Veränderungen des autonomen Nervensystems möglich sind [5]. Der Verdacht auf eine ektope Vorhoftachykardie resultiert aus dem Nachweis a) einer abnormen P-Wellenachse (obwohl eine normale P-Wellenachse das Vorliegen eines abnormen automatischen Herdes nicht ausschließt, da dieser auch in der Nähe des Sinusknotens liegen kann) und b) der abnormen Automatie. Daher muß eine elektrophysiologische Untersuchung durchgeführt werden, die ein endokardiales „Mapping" einbezieht [18].

Inwieweit durch den Einsatz von Klasse-I C-Medikamenten eine generalisierte Unterdrückung permanenter Tachykardieformen möglich ist, müssen weitere Untersuchungen an größeren Patientenkollektiven zeigen [16]. Diese Beobachtung scheint jedoch bedeutsam, da die meisten anderen Antiarrhythmika keine systematische Unterdrückung der Automatie bewirken. Bei Versagen der medikamentösen Therapie ist in jedem Fall entweder durch Katheterablation oder durch chirurgische Maßnahmen eine Unterbrechung des pathologischen Rhythmus anzustreben [9, 11].

Arrhythmogene ventrikuläre Dysplasie

Die Erstbeschreibung der arrhythmogenen rechtsventrikulären Dysplasie erfolgte 1982. Diese Rhythmusstörung als Folge einer Muskelerkrankung kommt besonders bei den arrhythmogenen ventrikulären Dysplasien zum Ausdruck, die 1982 zum ersten Mal beschrieben wurde [20]. Da die Erkrankung bei den meisten Patienten erst nach Auftreten der anhaltenden tachykarden Herzrhythmusstörungen diagnostiziert wird, ist über ihren Spontanverlauf zu einem früheren Zeitpunkt, an dem anhaltende Tachykardien noch nicht aufgetreten sind, wenig bekannt. Die Langzeitprognose von Patienten mit anhaltenden Kammertachykardien ist besser, wenn keine Synkopen vorliegen. Die meisten Patienten ohne Synkope versterben nicht plötzlich, sondern in der Herzinsuffizienz [21]. Die anhaltenden Kammertachykardien können bei 95% der Patienten mit Hilfe der programmierten Elektrostimulation im Katheterlabor ausgelöst werden [20, 30]. Die Wahrscheinlichkeit der Unterdrückung derartiger Tachykardien durch eine antiarrhythmische Therapie ist jedoch meist gering. Deshalb sind häufig Maßnahmen nötig wie Exzision des Ursprungsortes der Kammertachykardie, subendokardiale Resektion oder sogar vollständige Absetzung der rechten Herzkammer, die zu einer elektrischen Isolation des rechten Ventrikels führt [12, 20]. In letzter Zeit wurde auch die Katheterablation erfolgreich eingesetzt [7, 19].

Bei 8 meiner eigenen Patienten mit symptomatischen ventrikulären Herzrhythmusstörungen auf dem Boden einer arrhythmogenen ventrikulären Dysplasie waren dysplastische Veränderungen bei 6 Patienten im rechten Ventrikel (Abb. 4), bei einem Patienten lediglich im linken Ventrikel und bei einem weiteren Patienten sowohl im rechten als auch im linken Ventrikel nachweisbar. Zwei Patienten waren knapp einem plötzlichen Herztod entgangen, 4 Patienten hatten beständige Kammertachykardien, 2 eine nichtbeständige Kammertachykardie. Bei den beiden Patienten mit Herzstillstand konnte eine monomorphe Kammertachykardie mit einer Zykluslänge von 240 bzw. 260 ms ausgelöst werden, bei den 4 Patienten mit monomorpher anhaltender Kammertachykardie konnte die klinische Tachykardie ebenfalls ausgelöst werden, jedoch war die Zykluslänge mit 320 ± 35 ms deutlich länger als bei den beiden Patienten mit Herzstillstand. Bei den Patienten mit nichtbeständiger Kammertachykardie konnte keine anhaltende Tachykardie ausgelöst werden. Drei Patienten wurden erfolgreich mit Sotalol in einer Dosis von 160–320 mg/Tag therapiert, 2 weitere mit dem Klasse-I C-Antiarrhythmikum Flecainid in einer Dosis von 200 mg/Tag. Die anderen 3 Patienten

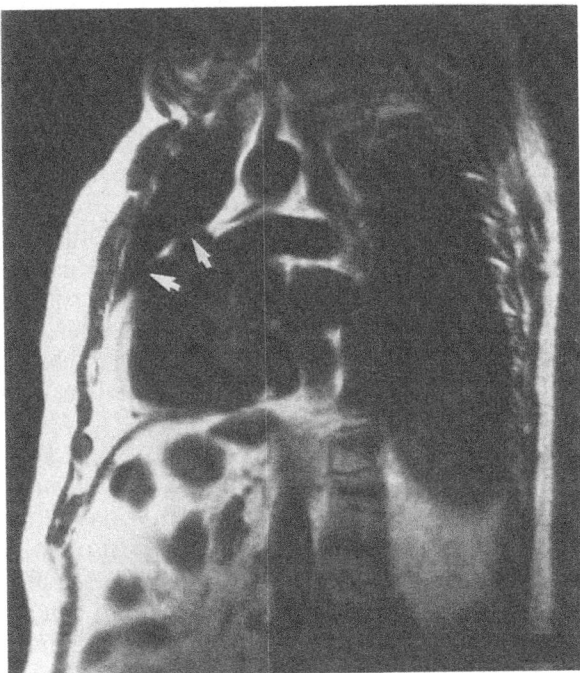

Abb. 4. Kernspintomographische Darstellung des Brustkorbs im Längsschnitt bei einem Patienten mit arrhythmogener rechtsventrikulärer Dysplasie. Zu beachten ist die Vergrößerung der rechten Herzkammer, die im Bereich des Ausflußtraktes zwei umschriebene Aneurysmata aufweist (*Pfeile*)

hatten trotz der Gabe verschiedener Antiarrhythmika einschließlich Amiodaron über einen Zeitraum von 12 Monaten VT-Rezidive. Eine Patientin davon verstarb nach 2 Monaten in der Herzinsuffizienz, 2 weitere Patienten konnten erfolgreich einer Katheterablation unterzogen werden.

Idiopathische dilatative Kardiomyopathie

Die Prognose von Patienten mit dilatativer Kardiomyopathie ist abhängig vom Stadium der Erkrankung. Die Mortalität ist im Stadium I der New York Heart Association gering (Fünfjahresmortalität 10–20 %). Wenn Patienten versterben, tritt der Tod meistens plötzlich ein. Im Stadium IV ist die Einjahresmortalität 50 %, die Hälfte der Patienten verstirbt plötzlich, die andere Hälfte in der Herzinsuffizienz.

Langzeit-EKG

Die Aussagekraft von spontanen ventrikulären Arrhythmien in Form von Extrasystolen, Couplets und nichtanhaltenden Kammertachykardien im

Langzeit-EKG bei Patienten mit dilatativer Kardiomyopathie bezüglich einer Gefährdung der Patienten durch den plötzlichen Herztod ist umstritten. In den letzten Jahren wurde wiederholt die Beziehung zwischen derartigen Herzrhythmusstörungen und dem plötzlichen Herztod bei dilatativer Kardiomyopathie untersucht.

Huang et al. [13] verfolgten den Krankheitsverlauf bei 35 Patienten mit angiographisch gesicherter Kardiomyopathie. Während einer im Mittel 43 Monate (4–74) dauernden Verlaufsbeobachtung verstarben 2 Patienten durch einen plötzlichen Herztod, ein dritter Patient durch eine Herzinsuffizienz und ein vierter infolge einer Sepsis. Bei einem der plötzlich verstorbenen Patienten ließen sich im Langzeit-EKG Episoden nichtanhaltender VT nachweisen. Die Autoren kamen aufgrund ihrer Ergebnisse zu dem Schluß, daß der Befund des Langzeit-EKG keine Aussagen zur Prognose bzw. zur Häufigkeit des plötzlichen Herztodes zulasse.

Von Ohlshausen et al. [26] untersuchten 60 Patienten mittels 24-h-Langzeit-EKG sowie klinischen und hämodynamischen Verfahren. Während einer 5- bis 12monatigen Nachbeobachtung verstarben 7 Patienten, 4 davon an therapiefraktärer Herzinsuffizienz. Der überwiegende Teil der verstorbenen Patienten zeigte im Langzeit-EKG Episoden nichtanhaltender VT. Diesbezüglich bestand jedoch kein Unterschied zwischen den plötzlich und den an chronischer Herzinsuffizienz verstorbenen Patienten. Die Autoren kamen daher zu der Schlußfolgerung, daß das Vorhandensein nichtanhaltender VT im Langzeit-EKG keine prognostische Aussagen hinsichtlich der Gefährdung des Patienten durch einen plötzlichen Herztod zulasse.

Constanzo-Nordin et al. [1] untersuchten 55 Patienten mit dilatativer Kardiomyopathie mittels 24-h-Langzeit-EKG, Echokardiographie, Radionuklidangiographie sowie angiographischen Untersuchungsverfahren und endomyokardialer Biopsie. 22 Patienten hatten im Langzeit-EKG Episoden nichtanhaltender VT; 9 Patienten dieser Untersuchung verstarben während der Verlaufsbeobachtung, 4 davon ohne und 5 mit VT. Auch nach dem Befund dieser Studie ließ allein die Tatsache des Vorhandenseins von VT im 24-h-Langzeit-EKG keine prognostischen Rückschlüsse zu.

Meinertz et al. [24] untersuchten prospektiv 74 Patienten mit dilatativer Kardiomyopathie. Die Patienten wurden über 2–21 Monate nachbeobachtet. 49% der 74 Patienten zeigten im 24-h-Langzeit-EKG Episoden nichtanhaltender VT mit einer Kammerfrequenz von über 100/min. Die Frequenz der Tachykardien lag zwischen 110–230/min, im Mittel bei 153/min. Alle Tachykardieepisoden waren kurz und endeten spontan. Bei keinem der Patienten kam es während der Tachykardien zu einer klinischen Symptomatik. 19 der 74 Patienten starben innerhalb des gesamten Zeitraums, 7 an chronischer Herzinsuffizienz und 12 plötzlich. Die Todesfälle traten im Mittel 10 ± 6 Monate nach Durchführung der Langzeit-EKG-Registrierung auf. Zwischen den überlebenden Patienten und denen, die an chronischer Herzinsuffizienz verstarben, fand sich kein Unterschied in der Häufigkeit arrhythmischer Ereignisse. Patienten, die einen plötzlichen Herztod erlitten, hatten dagegen eine deutlich höhere Inzidenz ventrikulärer Tachykardieepisoden, ventrikulärer Paare und ventrikulärer Extrasystolen im Vergleich zu Überlebenden und zu Patienten, die an chronischer Herzinsuffizienz verstarben. Zusätzlich hatten alle Patienten, die verstarben – unabhängig ob durch plötzlichen Herztod oder infolge Herzinsuffizienz – eine linksventrikuläre Ejektionsfraktion von weniger als 40 %. Die Autoren kamen daher zu der Schlußfolgerung, daß Patienten mit reduzierter linksventrikulärer Auswurffraktion (unter 40 %) und häufigen Episoden von VT und/oder Paaren (ca. 10–20 im 24-h-Langzeit-EKG) ein erhöhtes Risiko haben, plötzlich zu versterben. Es ist nach wie vor ungeklärt, ob durch eine antiarrhythmische Therapie bei diesem Krankheitsbild eine Verbesserung der Prognose erreicht werden kann.

Programmierte Elektrostimulation

Der Zusammenhang zwischen der Auslösbarkeit ventrikulärer Arrhythmien und der Prognose von Patienten mit dilatativer Kardiomyopathie wurde sowohl für Patienten mit klinisch nichtanhaltenden Kammerrhythmusstörungen als auch für Patienten mit klinisch anhaltenden Kammerrhythmusstörungen von mehreren Autoren untersucht. Einheitlich kann gesagt werden, daß bei Patienten mit fehlender Dokumentation einer anhaltenden Kammertachykardie und lediglich Nachweis von Extrasystolen, Couplets oder nichtbeständigen Kammertachykardien die Auslösung einer anhaltenden monomorphen Kammertachykardie sehr selten ist (unter 10 %) [4, 24, 29, 32]. Weiterhin besteht kein Zusammenhang zwischen der Art der ausgelösten Tachykardie und dem weiteren Verlauf der Krankheit. Das bedeutet: Die Auslösbarkeit einer beständigen Kammerarrhythmie bedingt nicht ein erhöhtes Risiko für den plötzlichen Herztod bzw. die Nichtauslösbarkeit schließt im weiteren Verlauf einen plötzlichen Herztod nicht aus.

Dahingegen findet sich in 2 Untersuchungen von Poll et al. bei Patienten mit dokumentierten monomorphen Kammertachykardien auf dem Boden einer dilatativen Kardiomyopathie eine hohe Auslösbarkeit (90 %) der klinisch dokumentierten Tachykardie [28, 29]. Bei der seriellen Medikamententestung ist jedoch nur selten (unter 20 %) ein Antiarrhythmikum zu finden, das die Auslösbarkeit der beständigen Kammertachykardie unterdrückt. Nur die Patienten mit unterdrückbarer Kammertachykardie haben einen günstigen Spontanverlauf, wohingegen die Patienten mit weiterhin auslösbaren Kammertachykardien in nahezu 50 % einen plötzlicher Herztod erleiden.

Zusammenfassung

Zu den elektrophysiologischen Ergebnissen bei dilatativer Kardiomyopathie kann gesagt werden, daß 1) bei Patienten mit anhaltender monomorpher Kammertachykardie die Arrhythmie in der Regel durch programmierte Elektrostimulation auslösbar ist, 2) jedoch nur bei wenigen Patienten mit Zustand nach Herzstillstand oder anhaltender Kammertachykardie die Auslösbarkeit der Arrhythmie durch Antiarrhythmika verhindert werden kann.

Nur diese Patientengruppe hat eine gute Prognose. 3) Weder die Ergebnisse der programmierten Elektrostimulation (ausgenommen unterdrückbare Arrhythmien) noch das Vorhandensein einer klinischen Tachykardie erlauben Rückschlüsse auf das spätere Auftreten eines plötzlichen Herztodes. 4) Eine empirische antiarrhythmische Therapie verbessert nicht die Prognose dieser Patienten, da der plötzliche Herztod nicht verhindert werden kann.

Literatur

1. Constanzo-Nordin MR, O'Connell JB, Engelmeier RS, Moran JF, Scanlon PJ (1984) Ventricular tachycardia in dilated cardiomyopathy: a variable independent of hemodynamic, morphology and prognosis. J Am Coll Cardiol 3:594 (abstract)
2. Coumel P (1975) Junctional reciprocating tachycardias: the permanent and paroxysmal forms of AV nodal reciprocating tachycardias. J Electrocardiol 8:79
3. Coumel P, Fedelle J (1980) Amiodarone in the treatment of cardiac arrhythmias in children: 135 cases. Am Heart J 100:1063–1069
4. Das SK, Morady F, DiCarlo L, Baerman J, Krol R, De Buitleir M, Crevey B (1986) Prognostic usefulness of programmed ventricular stimulation in idiopathic dilated cardiomyopathy without symptomatic ventricular arrhythmias. Am J Cardiol 58:998–1000
5. Duckeck W, Kunze KP, Kuck KH (1989) Ectopic atrial tachycardia – rate characteristics of the automatic focus. Eur Heart J 10:36 (abstract)
6. Engel TR, Bush CA, Schaal SF (1974) Tachycardia-aggravated heart disease. Ann Intern Med 80:384
7. Fontaine G, Tonet JL, Frank R et al. (1986) Traitement des tachycardies ventriculaires rebelles par fulguration endocavitaire associée aux anti-arythmiques. Arch Mal Cœur 79:1152–1159
8. Garson A Jr, Gillette PC (1979) Junctional ectopic tachycardia in children: electrocardiography, electrophysiology and pharmacologic response. Am J Cardiol 44:298–302
9. Gillette PC, Garson A Jr, Kugle JD et al. (1980) Surgical treatment of supraventricular tachycardia in infants and children. Am J Cardiol 46:281–284
10. Gillette PC, Smith RT, Garson A Jr, Mullins CE, Gutgesell HP, Goh TH, Cooley DA, McNamara DG (1985) Chronic supraventricular tachycardia: a curable cause of congestive cardiomyopathy. JAMA 253:391–392
11. Gillette PC, Wampler DG, Garson A, Zinner A, Ott D, Cooley D (1985) Treatment of atrial automatic tachycardia by ablation procedures. J Am Coll Cardiol 6:405–409
12. Guiraudon GM, Klein GJ, Gulambusein SS, Painvin GA, Campo C del, Gonzales JC, Ko PT (1983) Total disconnection of the right ventricular free wall: surgical treatment of right ventricular tachycardia associated with right ventricular dysplasia. Circulation 67:463–470
13. Huang SM, Messer JV, Denes P (1983) Significance of ventricular tachycardia in idiopathic dilated cardiomyopathy: observations in 35 patients. Am J Cardiol 51:507
14. Keane JF, Plauth WH, Nadas AS (1972) Chronic ectopic tachycardia of infancy and childhood. Am Heart J 84:748–757
15. Kuck KH (1987) Herzrhythmusstörungen bei hypertropher Kardiomyopathie. Internist (Berlin) 28:168–174
16. Kuck KH, Kunze KP, Schlüter M, Duckeck W (1988) Encainide versus flecainide for chronic atrial and junctional ectopic tachycardia. Am J Cardiol 62:37L–44L
17. Kugler JD, Baisch SD, Cheatham JP, Latson LA, Pinsky WW, Norberg W, Hofshire PJ (1984) Improvement of left ventricular dysfunction after control of persistent tachycardia. J Pediatr 105:543–548
18. Kunze KP, Kuck KH, Schlüter M, Bleifeld W (1986) Effect of encainide and flecainide on chronic ectopic atrial tachycardia. J Am Coll Cardiol 7:1121–1126
19. Leclercq JF, Chouty F, Chauchemez B, Leenhardt A, Coumel P, Slama R (1988) Results of electrical fulguration in arrhythmogenic right ventricular disease. Am J Cardiol 62:220–224

20. Marcus FI, Fontaine GH, Guiraudon G et al. (1982) Right ventricular dysplasia: a report on 26 adult cases. Circulation 65:384
21. Marcus FI, Fontaine GH, Frank R, Gallagher JJ, Reiter MJ (1989) Long-term follow-up in patients with arrhythmogenic right ventricular disease. Eur Heart J [Suppl D] 10:68–73
22. Maron BJ, Savage DD, Wolfson JK, Epstein SE (1981) The prognostic significance of 24 hour ambulatory electrocardiographic monitoring in patients with hypertrophic cardiomyopathy: a prospective study. Am J Cardiol 48:252
23. McKenna WJ, England D, Doi YL, Deanfield JE, Oakley C, Goodwin JF (1981) Arrhythmia in hypertrophic cardiomyopathy. I. Influence on prognosis. Br Heart J 46:168
24. Meinertz T, Treese N, Kasper W, Geibel A, Hofmann T, Zehender M, Bohn D, Pop T, Just H (1985) Determinants of prognosis in idiopathic dilated cardiomyopathy as determined by programmed electrical stimulation. Am J Cardiol 56:337–341
25. Meinertz T, Hoffman T, Kasper W, Just H (1987) Prognostische Bedeutung ventrikulärer Arrhythmien bei dilatativer Kardiomyopathie. Internist (Berlin) 28:164–167
26. Olshausen K von, Schäfer A, Mehmel HC, Schwartz F, Senger J, Kübler W (1984) Ventricular arrhythmia in idiopathic dilated cardiomyopathy. Br Heart J 51:195–202
27. Packer DL, Bardy GH, Gallagher JJ, Worley SJ, Smith MS, German LD (1984) Tachycardia induced cardiomyopathy: a reversible form of left ventricular dysfunction. J Am Coll Cardiol (abstract)
28. Poll DS, Marchlinski FE, Buxton AE, Doherty JU, Waxman HL, Josephson ME (1984) Sustained ventricular tachycardia in patients with idiopathic dilated cardiomyopathy: electrophysiologic testing and lack of reponse to antiarrhythmic drug therapy. Circulation 70:451–456
29. Poll DS, Marchlinski FE, Buxton AE, Josephson ME (1986) Usefulness of programmed stimulation in idiopathic dilated cardiomyopathy. Am J Cardiol 58:992–997
30. Reiter MJ, Smith WM, Gallagher JJ (1983) Clinical spectrum of ventricular tachycardia with left bundle branch morphology. Am J Cardiol 51:113–121
31. Schlepper M, Weppner HG, Merle H (1978) Hemodynamic effects of supraventricular tachycardia and their alterations by electrically and verapamil induced termination. Cardiovasc Res 12:28–33
32. Stamato NJ, O'Connell JB, Murdock DK, Moran JF, Loeb HS, Scanlon PJ (1986) The response of patients with complex ventricular arrhythmias secondary to dilated cardiomyopathy to programmed electrical stimulation. Am Heart J 112:505–508
33. Strasburger JF, Smith RT Jr, Moak JP, Gothin C, Garson A Jr (1988) Encainide for resistant supraventricular tachycardia in children: Follow-up report. Am J Cardiol 62:50L–54L

Hämodynamik bei supraventrikulären Tachykardien und deren Behandlung

M. Schlepper

Die Darstellung der hämodynamischen Auswirkungen supraventrikulärer Tachykardien und ihrer Behandlung bedarf der didaktischen Simplifizierung. Dies um so mehr, als zum einen unter dem Ausdruck supraventrikuläre Tachykardien unterschiedliche elektrophysiologisch begründete Rhythmusstörungen subsumiert werden – mehr als bei den ventrikulären Tachykardien – und sie sich zum anderen in der Vielzahl der Fälle als paroxysmale oder permanente Rhythmusstörungen bei sonst Gesunden manifestieren. Weiterhin werden die mechanisch-zeitlichen Beziehungen zwischen Vorhöfen und Kammern in unterschiedlicher Weise beeinflußt. Letztlich spielen periphere und auch kardiale Adaptationsmechanismen beim Nettoeffekt der hämodynamischen Veränderungen eine wesentliche Rolle. Ihre möglichen Interaktionen sind in Abb. 1 b aufgeführt. Danach zeigt die Tachykardie hämodynamische Auswirkungen über die Herzfrequenz selbst. Die Hämodynamik wird weiterhin bestimmt durch die Abstimmung von Vorhof- und Ventrikelsystole, während die ventrikuläre Erregungsausbreitung, die fast immer bei reinen supraventrikulären Tachykardien normal bleibt, in diesem Falle unberücksichtigt bleiben kann. Die elektromechanische Koordination wirkt *auf* und wird rückwirkend beeinflußt *durch* die Myokardfunktion, Koronardurchblutung und Ventilfunktion. Periphere und kardiale Adaptationsmechanismen bestimmen dann letztlich die Hämodynamik [38, 39].

Adaptationsvorgänge

In der nach Koepchen [16] modifizierten und sicher vereinfachten Darstellung (Abb. 1 a) der unterschiedlichen Regelkreise und Autofeedbackmechanismen wird die Vielzahl der möglichen Einflüsse klar. Es handelt sich dabei, technisch gesehen, um vernetzte Regelkreise. Von eminenter klinischer Bedeutung ist die Tatsache, daß die Adaptation über diese Regelkreise ein zeitlicher Vorgang ist, bei dem die Relation zwischen Geschwindigkeit des Beginns und des Endes einer Rhythmusstörung und der Einstellung des oder der Regelkreise mit die hämodynamischen Auswirkungen bestimmt. Ob das zu Beginn, aber auch während einer Tachykardie zu beobachtende Phänomen des „alternating failure of response mechanical to electrical depolarisation" (AFORMED; Abb. 2; [4]) als Adaptationsvorgang angesehen werden

Prof. Dr. M. Schlepper, Kerckhoff-Klinik, Benekestr. 2–6, 6350 Bad Nauheim

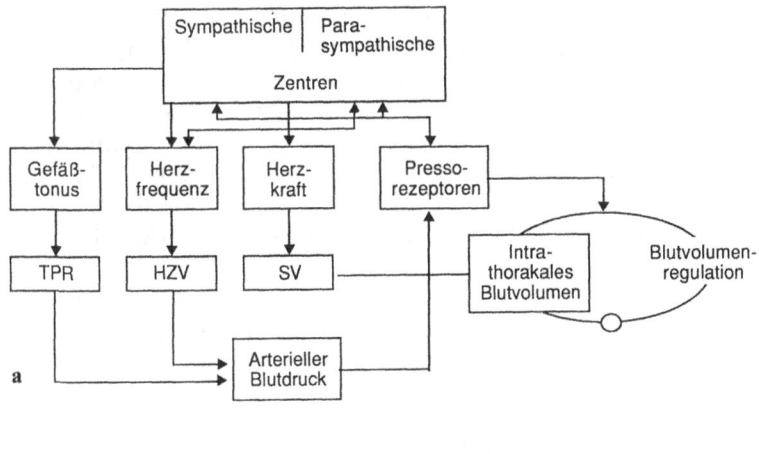

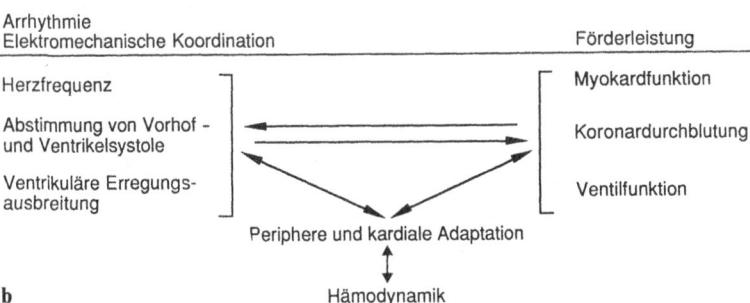

Abb. 1 a, b. Regelkreis einzelner Herz- und Kreislaufparameter, die sich gegenseitig in der Ausbildung des Nettoeffektes der Hämodynamik beeinflussen. **b** zeigt den Einfluß elektromechanischer Koordination auf Faktoren der kardialen Förderleistung, wobei der in **a** dargestellte Regelkreis in die peripheren und kardialen Adaptationen eingreift. *TPR* peripherer Widerstand, *HZV* Herzzeitvolumen, *SV* Schlagvolumen

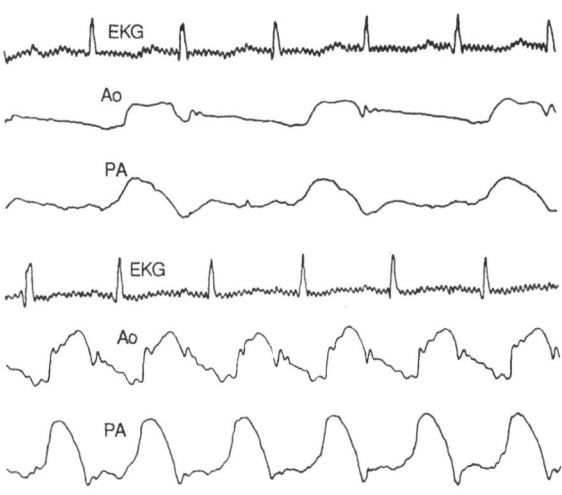

Abb. 2. Simultanregistrierung von EKG, Aortendruck (*Ao*) und Pulmonalarteriendruck (*PA*) während einer Sinustachykardie nach Kreislaufstillstand beim Hund. Infolge AFORMED wird nur jede 2. elektrische Systole hämodynamisch wirksam. Nach Gabe eines Digitalisglykosids kann das Phänomen aufgehoben werden, so daß eine 1:1-elektromechanische Kopplung resultiert. (Nach Rao u. Thapar [23])

kann, ist unklar. Teleologisch gesehen würde das bedeuten, daß vom Pulsus alternans bis zu einem 2:1-Ausfall der mechanischen Systole eine schnelle Tachykardie tolerabler gemacht werden kann. Nach neuen Untersuchungen kommen für dieses selten zu beobachtende Phänomen ein temporärer tachykardieinduzierter Kalziummangel und die Koexistenz zweiter Myofibrillen mit unterschiedlichen Charakteristika in bezug auf Frequenzansprechreiz je nach Inotropiezustand in Frage. Durch Kalziumzufuhr und durch Glykosidgabe kann das Phänomen des AFORMED rückgängig gemacht werden und damit auch der Pulsus alternans [23, 35].

Ein Beispiel für das Auseinanderklaffen der zeitlichen Relationen bei einem Adaptationsvorgang ist die Beobachtung, daß es bei abrupter Beendigung einer Tachykardie zum kurzen Überschießen der hämodynamischen Situation kommt. Blutdruck, HZV, Schlagvolumen und dp/dt_{max} steigen auf Werte über denen vor der Tachykardie an. Man kennt den Mechanismus nicht genau, jedoch ist es wahrscheinlich, daß sich der auf die Tachykardie eingestellte autonome Regulationsmechanismus nicht schnell genug auf die Normalisierung des Rhythmus umstellen kann (Abb. 3 und 10; [42]). Gleiche Anpassungsschwierigkeiten treten bei Auslösung der Tachykardie auf, so daß hier ebenfalls die initial hämodynamischen Veränderungen stärker ausgeprägt sind und sich nach einer Zeitspanne die Hämodynamik verbessert. Die Diskrepanz in der Zeit zwischen Eintreten der hämodynamischen Veränderungen und Einregulierung im Sinne einer Adaptation wird deutlich. Die modifizierte und vereinfachte Darstellung von Wirkung und Rückwirkung

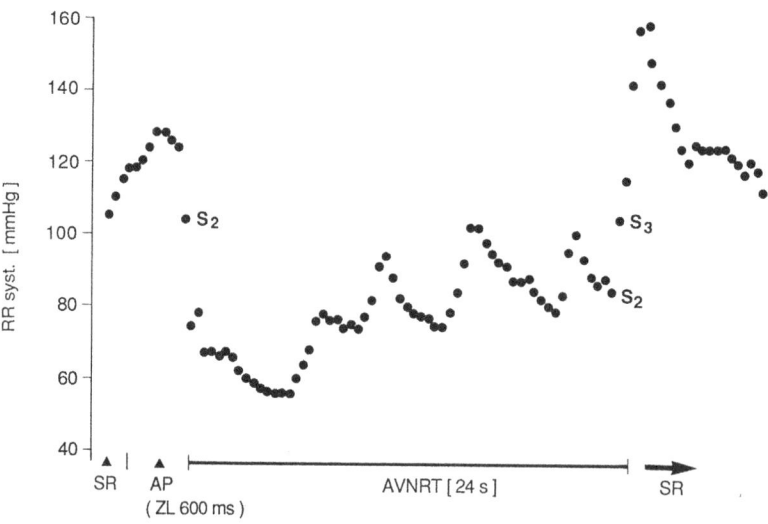

Abb. 3. Veränderungen des systolischen Blutdrucks durch eine AV-Knoten-Reentrytachykardie (*AVNRT*), die durch einen elektrischen Stimulus (*S$_2$*) ausgelöst wird und durch 2 elektrische Stimuli (*S$_2$/S$_3$*) nach 24 s beendet wird. Erkenntlich wird die langsame Hochregulierung des bei Auslösung abgefallenen Blutdrucks und die Potenzierung dieses Meßwerts nach Beendigung der Tachykardie bei erneutem Sinusrhythmus (*SR*). *AP* atriale Stimulation, *ZL* Zykluslänge. (Nach Yusuff et al. [42])

im Regelkreis zeigt, daß Schlagvolumen, HZV und peripherer Widerstand (TPR) und damit der arterielle Blutdruck bestimmende Regulatoren sind (Abb. 1a) und via Pressorezeptoren Herzfrequenz, Inotropie und Gefäßtonus bestimmend beeinflussen.

Die Adaptationsvorgänge können sich durch äußere Faktoren erheblich verändern. So sind bei Auslösen einer supraventrikulären Reentrytachykardie mit sonst tolerablen Frequenzen bei zusätzlicher orthostatischer Belastung oder am Kipptisch die initialen hämodynamischen Auswirkungen deutlich stärker ausgeprägt und können zum Kollaps führen. Die so veränderten hämodynamischen Auswirkungen können wiederum die elektrophysiologischen Auslöse- und Terminationsmechanismen beeinflussen [8, 25].

Hämodynamische Bedeutung der Vorhofsystole und ihrer zeitlichen Abstimmung zur Kammersystole

Insbesondere die Abstimmung zwischen Vorhof- und Ventrikelerregung und der mechanischen Systole dieser Herzabschnitte verändert nachhaltig das HZV und den arteriellen Druck.

Bei einem Kollektiv von 17 Gesunden, die auch bei Stimulation mit einer Frequenz von 170/min keine Ischämie entwickelten, konnte gezeigt werden, daß eine AV-Überleitung mit einem Zeitintervall von 130 ms bei sequentieller Stimulation von Vorhof und Kammern im Vergleich zu den Veränderungen zum Ruhewert bei Sinusrhythmus hinsichtlich systolisch-arteriellem Druck (AOSP) und HZV (CO) über Frequenzen zwischen 100 und 170/min sich am günstigsten auswirkte (Abb. 4). Am ausgeprägtesten waren die Beeinträchtigungen der Meßgrößen, wenn Vorhof- und Kammersystole zusammenfielen (0). Bei Frequenz 170/min überwiegt der reine Frequenzeffekt auf die Hämodynamik. Gegenüber dem Ruhewert sinkt der Aortendruck, aber nicht das HZV signifikant ab, weil es durch die Frequenz beim gesunden Herzen noch kompensiert wird [38, 39].

Fällt die Vorhofkontraktion z.B. bei Vorhofflimmern gänzlich aus, liegt bei der „lone atrial fibrillation" der Verlust an HZV in der Größenordnung von 15% und führt bei definitionsgemäß sonst Herzgesunden zu keiner nennenswerten Symptomatik, wenn die unregelmäßige Kammerfrequenz medikamentös eingestellt ist. Zwei Faktoren begrenzen einerseits das Ausmaß der atrialen Transportfunktion und lassen sie aber andererseits als besonders notwendig erscheinen:

Ein pathologisch erhöhter enddiastolischer Druck (LVEDP) bei manifester Herzinsuffizienz mindert die atrial bewirkte zusätzliche Füllung der Ventrikel, und dies besonders bei Tachykardie, wenn die Diastole sich relativ stärker verkürzt als die Systole. Andererseits trägt z.B. bei Patienten mit Aortenklappenstenose und Kardiomyopathie, bei denen neben dem erhöhten LVEDP auch eine verminderte Compliance (negative Lusitropie) vorliegt, die atriale Unterstützungspumpfunktion zur Füllung der Ventrikel bis zu 40%

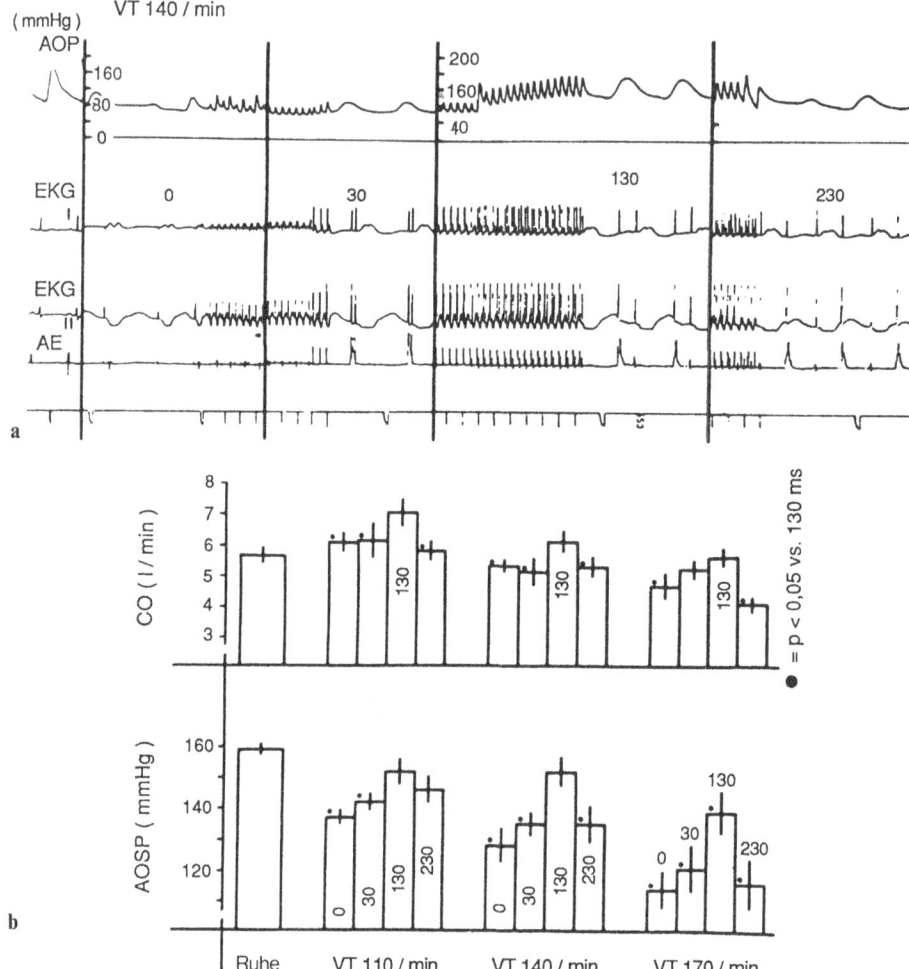

Abb. 4 a, b. Vorhofunterstützungspumpfunktion bei Tachykardie (*VT*) durch atrioventrikuläre sequentielle Stimulation. Bei einer Frequenz von 140/min erhöht ein AV-Intervall von 130 den aortalen Blutdruck (*AOP*) am deutlichsten (**a**). **b** Messungen an 17 gesunden Probanden: Mittelwerte (±SEM) des Herzzeitvolumens (CO) und des systolischen Drucks in der Aorta (*AOSP*) bei atrioventrikulärer sequentieller Stimulation (110, 140 und 170/min) und AV-Intervall zwischen 0 und 230 im Vergleich zu Ruhebedingungen. (Nach Thormann u. Schlepper [39])

des HZV bzw. des Schlagvolumens bei, so daß Erhaltung eines Sinusrhythmus bei diesen Patienten so lange wie möglich therapeutisches Ziel sein muß [11].

Daß durch den Zuwachs an diastolischer Füllung der Ventrikel auch die enddiastolische Faseranspannung erhöht wird und damit ein Inotropiezuwachs erzielt wird, scheint belegt [19, 24]. Inwieweit bei einzelnen supraventrikulären Tachykardien ein Verlust an Frank-Starling-Mechanismus zur resultierenden Hämodynamik beiträgt, kann jedoch nicht sicher gesagt werden. Für Patienten mit sonst gesunden Herzen ist es eher unwahrscheinlich.

Zum anderen wird der Verlust an atrial bedingtem Füllungszuwachs durch mechanische Behinderung der Ventrikelfüllung gemindert, z.B. bei Patienten mit Stenosen der AV-Klappen. Jedoch ist die Vorhofkontraktion hier ebenso essentiell. Ihr plötzlicher Verlust bei Eintreten von Vorhofflimmern oder -flattern bewirkt weit mehr als eine 15 %ige Minderung der Pumpfunktion. Daß Patienten mit Mitralstenose bei Eintreten von Vorhofflimmern symptomatisch werden, ist klinische Alltagserfahrung. Daß sie es bei permanentem Vorhofflimmern oder -flattern auch nach erfolgter Adaptation bleiben – auch wenn die Kammerfrequenz kontrolliert ist –, ist häufig und ebenso bekannt.

Während bei den supraventrikulären Reentrytrachykardien die Variationen des RR-Abstands sehr gering sind, können sie bei absoluter Arrhythmie und Vorhofflimmern erheblich sein. Die Ausprägung der Irregularität der Kammersystolen steht in direktem Zusammenhang mit der hämodynamischen Situation. Es findet sich jedoch nur eine wenig strenge Beziehung zwischen enddiastolischem Volumen und dem vorangehenden RR-Intervall [10]. Diese Beziehung wird deutlicher, wenn die 2 letzten RR-Intervalle mit dem Schlagvolumen nach dem letzten RR-Intervall korreliert werden [12].

In therapeutischer Hinsicht kommt es daher bei Kontrolle der Kammerfrequenz bei Vorhofflimmern und absoluter Arrhythmie auch darauf an, nicht nur die Frequenz in erträglichem Ausmaß zu halten, sondern auch eine zu große Irregularität zu verhindern.

Bei elektrischer Konversion zu Sinusrhythmus, einer der Behandlungsarten dieser supraventrikulären Tachykardie mit absoluter Arrhythmie, wird eine Zeitspanne von bis zu einer Woche benötigt, bis es bei elektrischer Vorhofsystole auch zu einer Effektivität der mechanischen Systole kommt [20]. Diese älteren Befunde sind aber nicht durchgehend gültig. Mittels Echokardiographie konnte gezeigt werden, daß die atriale Unterstützungspumpfunktion sofort nach Kardioversion wieder auftritt, kenntlich an einer Abnahme des Vorhofdurchmessers und einer Zunahme des enddiastolischen Durchmessers des linken Ventrikels [9]. Vergleicht man die untersuchten Patientengruppen, so fällt auf, daß im Durchschnitt die Kardioversion in der älteren Untersuchung bei Patienten mit länger bestehendem Vorhofflimmern durchgeführt wurde als in der 1975 veröffentlichten Beobachtung. Daher mag die Dauer des Bestehens der supraventrikulären Tachykardie eine wesentlich bestimmende Größe für das Wiederauftreten der mechanischen Systole sein. Letztlich ist diese Frage aber noch nicht endgültig geklärt [39].

Zu Beginn einer elektrisch ausgelösten Knotentachykardie vom Reentrytyp – und das gilt auch bei Patienten mit WPW-Syndrom und Tachykardien – kommt es plötzlich zur Druckerhöhung im linken Vorhof, wie sie durch eine Druckerhöhung im Pulmonalkreislauf reflektiert wird. Die Druckerhöhung im rechten Vorhof, die gleichzeitig eintritt, behindert den venösen Rückstrom. Diese Druckerhöhungen bleiben auch dann bestehen, wenn die Adaptationsvorgänge in bezug auf Einregulierung des Schlagvolumens und des arteriellen Drucks abgeschlossen sind (Abb. 5, 10; [27, 32]).

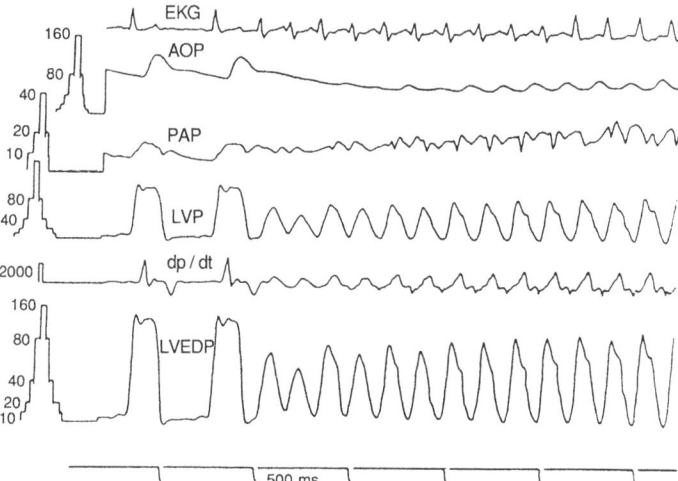

Abb. 5. Auslösung einer supraventrikulären Tachykardie durch atrialen Extrastimulus (3. QRS-Komplex). Registriert sind Aortendruck (*AOP*), Pulmonalarteriendruck (*PAP*), linksventrikulärer Druck (*LVP*), dp/dt$_{max}$ und enddiastolischer Druck im linken Ventrikel (*LVEDP*). Zu Anfang treten intraventrikuläre Ausbreitungsstörungen auf, die keinen Einfluß auf die Hämodynamik zeigen. Es kommt zunächst zu einem Abfall des *LVP*, so daß die Aortenklappe nicht geöffnet wird und daher *AOP* abfällt. Verbesserung des *LVP* innerhalb kurzer Zeit (ca. 3 s), so daß dann erneut aortale Pulsationen gesehen werden. *PAP* erhöht sich ständig und wird während dieser kurzen Adaptationsphase nicht mehr gesenkt. (Nach Schlepper et al. [32])

Diese Steigerung der Vorhofdrücke bzw. des Pulmonaldrucks kommt zunächst dadurch zustande, daß bei der retrograden Vorhoferregung bei einer AV-Knoten-Reentrytachykardie die Vorhofkontraktionen stets gegen die geschlossenen AV-Klappen erfolgen und so ständig eine Vorhofpfropfung fortbesteht, die passive Entleerung der Vorhöfe aber infolge der Tachykardie ungenügend ist. Darüber hinaus sind aber Funktionsstörungen an den Klappen selbst bei supraventrikulären Tachykardien beobachtet worden, die sich erst mit der Tachykardie einstellen. Im Tierversuch wurde das Auftreten einer Mitralinsuffizienz schon während der 1. Phase von supraventrikulären Tachykardien, insbesondere Vorhofflimmern, beschrieben, auch wenn die Kammerfrequenz regelmäßig war [36]. Mit Doppler-Echokardiographie wurden ebenfalls insuffiziente Mitralklappen bei Vorhofflimmern nachgewiesen, jedoch konnten diese Ergebnisse mit Ventrikulographie nicht bestätigt werden. Ob dies methodisch bedingte Unterschiede sind und wie im Spektrum der supraventrikulären Tachykardien sich die AV-Klappen bei normaler Erregungsausbreitung in den Ventrikel und regelmäßig schneller Herzschlagfolge verhalten, ist nicht genügend untersucht [42].

Die Faktoren der elektromechanischen Koordination, die Herzfrequenz und Abstimmung von Vorhof- und Ventrikelsystole gewinnen daher größere Bedeutung, wenn die zeitlichen Abstimmungen zwischen Vorhof- und Kammersystole oder das gänzliche Fehlen einer effektiven Vorhofsystole bei supraventrikulären Tachykardien Folge der Rhythmusstörung sind. Daß sie durch Myokardfunktion verstärkt und behindert werden und daß die Ventilfunktion eine entscheidende Rolle dabei spielt, steht außer Frage.

Auswirkungen von Tachykardien auf die Koronardurchblutung

Während hier Wechselwirkungen deutlicher sind, wird die Koronardurchblutung bei supraventrikulären Tachykardien im wesentlichen durch die Herzfrequenz selbst bestimmt. Dabei kann letztlich, insbesondere beim Koronarkranken, der erhöhte Sauerstoffverbrauch, der sich z. B. im Doppelprodukt abschätzen läßt und der genauer mit der Bretschneider-Formel berechnet werden kann [2], durch den als Folge der Rhythmusstörung auftretenden Blutdruckabfall nicht kompensiert werden. Die veränderten Zeitfaktoren in der Formel nach Bretschneider, wie Herzfrequenz, Dauer der Systole und Dauer der Austreibung, sowie die verkürzte Diastole können durch die Abnahme der Intensitätsfaktoren, wie systolischer Spitzendruck, $dp/dt_{max.}$ und dp/dt^2, nicht voll ausgeglichen werden. Die Abstimmung zwischen Vorhof- und Ventrikelsystole trägt lediglich in dem Maße dazu bei, wie der Perfusionsdruck vor den Koronararterien bei niedrigem HZV und verkürzter Diastole gemindert wird.

Genaue Untersuchungen zur Koronardurchblutung bei supraventrikulären Tachykardien fehlen. Es ist aber möglich, an der Herzfrequenz allein Veränderungen aufzuzeigen. So findet sich beispielsweise, daß bei Patienten mit hypertrophiertem Myokard bei Aortenstenosen zwar die Koronarreserve gegenüber einem Normalkollektiv nicht vermindert ist und daß auch der Koronarfluß unter Frequenzzunahme (in diesem Falle ventrikuläre Stimulation) ansteigt, daß aber sowohl bei Koronarkranken, deren durch Dipyridamol rekrutierbare Koronarreserve verringert ist, als auch bei Patienten mit hypertrophiertem Myokard es unter Frequenzbelastung zu einer deutlichen Laktatproduktion kommt, so daß bei Vorliegen einer Hypertrophie auch bei voller Koronarreserve durch die Tachykardie Ischämien ausgelöst werden (Abb. 6; [38]). Wird andererseits die Koronarreserve durch Dipyridamol voll ausgeschöpft, so finden sich deutliche Unterschiede zwischen Herzgesunden (n = 6) und Patienten (n = 9) mit koronarer Gefäßerkrankung. Wird jetzt eine Frequenzbelastung zwischen 100 und 170/min durchgeführt, wird bei beiden Kollektiven die Koronarreserve ausgeschöpft, d. h. die Koronardurchblutung – hier gemessen im Koronarsinus/100 g Herzgewebe – wird verkleinert, aber deutlich stärker bei den Koronarkranken mit schon eingeschränkter Koronarreserve als bei den gesunden Kontrollpersonen (Abb. 7; [38, 39]).

Die pathophysiologischen Mechanismen, die die Hämodynamik des Koronarkreislaufs bestimmen, sind unterschiedlich. Bei Patienten mit hypertrophiertem linken Ventrikel wird sicher der Complianceverlust, d. h. die negative Lusitropie, als extrakoronarieller Faktor die Durchblutung in der Diastole behindern, abgesehen davon, daß das Gefäßraster für die hypertrophierten Zellen nicht mehr ausreichen mag. Bei den Patienten mit Koronarer-

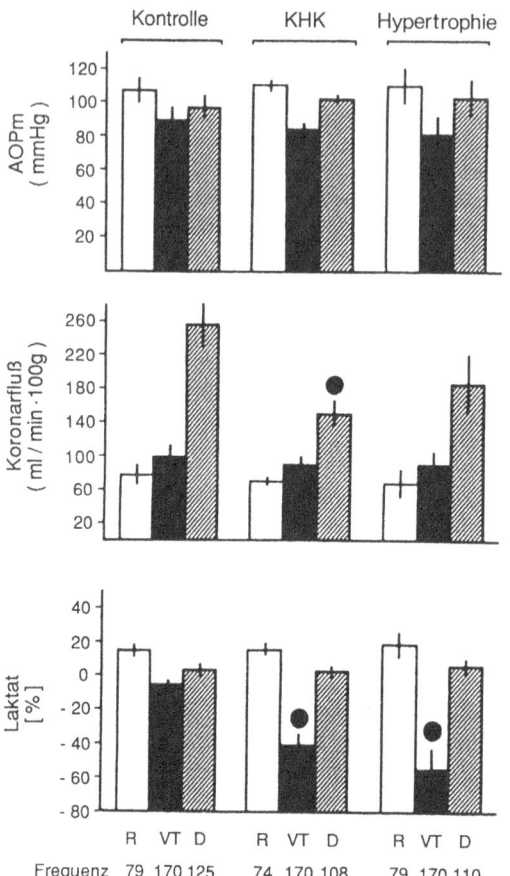

Abb. 6. Aortenmitteldruck (AOP_m), Koronarfluß und Laktatmetabolismus bei Gesunden (*Kontrolle*), Koronarkranken (*KHK*) und Aortenstenose-Patienten (*Hypertrophie*). Steadystate-Werte vor (*R*) und nach Dipyridamol (*D*) und unter Ventrikelstimulation (*VT*) mit einer Frequenz von 170/min; $\bar{x} \pm$ SEM. (Nach Thormann [38])

krankung sind es dagegen die verminderte Koronarreserve, die schneller aufgebraucht wird, die Verkürzung der Diastole und der Abfall des Perfusionsdrucks. Nach Beendigung einer hochfrequenten supraventrikulären Tachykardie treten oft vorübergehende ST-Streckensenkungen auf, auch dann, wenn die Tachykardien nicht durch Medikamente terminiert werden. Wir selbst konnten bei 106 Patienten mit supraventrikulären Reentrytachykardien, die während der Tachykardie eine Herzfrequenz von 195 ± 17/min im Mittel aufwiesen, in keinem Fall Zeichen einer Ischämie während der Tachykardie beobachten, jedoch zeigten 48 dieser sonst gesunden Patienten nach Beendigung der Tachykardie junktionale ST-Streckensenkungen, wie sie sonst für eine koronare Minderdurchblutung typisch sind. Dieses Phänomen, das bei Gesunden nicht selten ist, wird in der älteren Literatur als Posttachykardie-ST-Streckensenkung oder einfach als Posttachykardiesyndrom bezeichnet [13]. Der Mechanismus ist ungeklärt, hat aber keine hämodynamischen Auswirkungen und beruht nicht auf einer Ischämie.

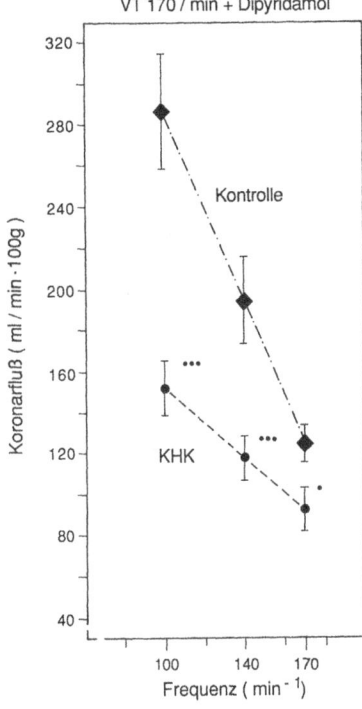

Abb. 7. Koronarflußänderungen ($\bar{x} \pm$ SEM) bei 6 Herz-gesunden (*Kontrolle*) und 9 Koronarkranken (*KHK*), bei denen nach Mobilisation der Koronarreserve durch Dipyridamol jeweils eine stimulierte ventrikuläre Tachy-kardie (*VT*) mit steigenden Frequenzen induziert wurde. Der Durchblutungsabfall ist bei beiden Grup-pen linear. Die Koronarreserve ist (gemessen an der Differenz der Koronarflußwerte) bei den Gesunden in Ruhe um den Faktor 1,8, unter VT 140 um 1,67 und unter VT 170 um 1,35 höher ($p < 0,05$) als bei den Koronarkranken. Der Durchblutungsabfall unter Tachy-kardie plus Dipyridamoleinfluß ist also steiler als bei den Koronarkranken, deren Koronarreserve weitgehend erschöpft ist. (Nach Thormann [38])

Therapie

Die Behandlungsbedürftigkeit bei supraventrikulären Tachykardien richtet sich nach 3 bei allen Rhythmusstörungen anerkannten Grundsätzen, wobei die Behandlung aktiv oder passiv sein kann. Sie ist indiziert

a) bei erheblichen subjektiven Beeinträchtigungen,
b) bei signifikanten hämodynamischen Auswirkungen,
c) bei drohender elektrischer Instabilität, bei der supraventrikuläre Tachy-kardien zu lebensbedrohlichen Kammerrhythmusstörungen führen kön-nen.

Da insbesondere subjektive Beeinträchtigungen und hämodynamische Aus-wirkungen einer supraventrikulären Tachykardie sich gegenseitig bedingen und hämodynamische Auswirkungen bei drohenden Kammerrhythmusstö-rungen meist ausgeprägt sind, ist eine genaue Differenzierung häufig nicht möglich. Subjektive Beeinträchtigung bei paroxysmal auftretender supraven-trikulärer Tachykardie wird bestimmt durch Häufigkeit des Auftretens und Dauer des Anfalls. Da die Anfälle nicht vorhersagbar auftreten, leben solche Menschen in der Furcht vor den Anfällen, und eine so bedingte Umstellung im vegetativen Nervensystem kann die Auslösemechanismen ungünstig verändern. Die Patienten sind durch diese Furcht auch dann erheblich beeinträchtigt, wenn die Hämodynamik nur unwesentlich und keineswegs bedrohlich verändert ist.

Beispiele dafür sind Kranke mit *paroxysmalem Vorhofflimmern,* „lone atrial fibrillation", die unter häufigen bis Tage anhaltenden Paroxysmen leiden, bei denen aber definitionsgemäß keine weitere Herzerkrankung nachzuweisen ist. Auch wenn durch objektive Untersuchungsbefunde bedrohliche hämodynamische Veränderungen zu Anfallsbeginn oder während des Paroxysmus ausgeschlossen werden, muß die Frage nach einer Anfallsprophylaxe individuell beantwortet werden. Wenn überhaupt eine Anfallsprophylaxe durchgeführt werden soll, dann muß der häufig anamnestisch zu eruierende Auslösemechanismus berücksichtigt werden. Berichten Patienten über Anfälle während der Nacht und der Mittagsruhe nach einer Mahlzeit und unabhängig von körperlicher Arbeit, ist vagoton vermitteltes Vorhofflimmern anzunehmen. Bradykardisierende Substanzen wie β-Rezeptorenblocker (Ausnahme Amiodaron) sind dann wirkungslos. Bei sympathikoton ausgelöstem Vorhofflimmern- und flattern treten die Anfälle in Zusammenhang mit körperlichen und seelischen Streßsituationen auf, und hier sind die β-Rezeptorenblocker wirkungsvoll [5, 6]. Es bleibt aber zu bedenken, daß solche Anfälle häufig im Rahmen eines Bradykardie-Tachykardie-Syndroms auftreten, und dann sind zusätzliche anatomische und funktionelle Veränderungen im Sinusknotenareal vom verborgenen bis hin zum manifesten Syndrom des kranken Sinusknotens bei der Therapie mit in Erwägung zu ziehen [15]. Bei 97 Patienten mit paroxysmalem Vorhofflimmern unterschiedlicher Auslösemechanismen – in der Mehrzahl vagoton, aber auch sympathikoton und z. T. nicht eruierbar vermittelt – wurden unter der Behandlung mit Antiarrhythmika der Klasse I und II sowie der Kombination von I und IV bei 37 % der Patienten während der Behandlung Sinusknotenbeeinträchtigungen nachgewiesen [31]. Ist die medikamentöse Behandlung streng indiziert und wird das Syndrom eines kranken Sinusknotens unter der Behandlung manifest, muß eine zusätzliche Schrittmacherimplantation in Erwägung gezogen werden. Hat eine vorauszugehende elektrophysiologische Untersuchung normale Verhältnisse im AV-Erregungsleitungssystem ergeben, so ist ein AAI-Schrittmacher vorzuziehen, da bei diesem Stimulationsmodus Vorhofflimmern durch die Schrittmacherbehandlung seltener ausgelöst wird.

Bei den meisten Patienten erübrigt sich eine Anfallsprophylaxe und eine „passive" Behandlung mit gründlicher Aufklärung über Ursachen und Folgen der Krankheit hilft mehr – zumal, wenn dem Patienten von vornherein klar gemacht wird, daß er sich dann besser fühlen würde, wenn Vorhofflimmern permanent einträte und die Kammerfrequenz kontrolliert wäre. Eine Digitalisierung stellt keine Anfallsprophylaxe dar, kann aber durch die negativ-dromotropen Eigenschaften der Glykoside im Anfall die Herzfrequenz auf ein erträgliches Maß senken. Die Auswirkungen auf die Sinusknotenfunktion sind dabei weniger stark ausgeprägt.

Bei *permanentem Vorhofflimmern* und wenn keine Indikation zur Wiederherstellung des Sinusrhythmus besteht, ist therapeutisches Ziel die Kontrolle der Kammerfrequenz sowohl in bezug auf die Höhe der Frequenz als auch

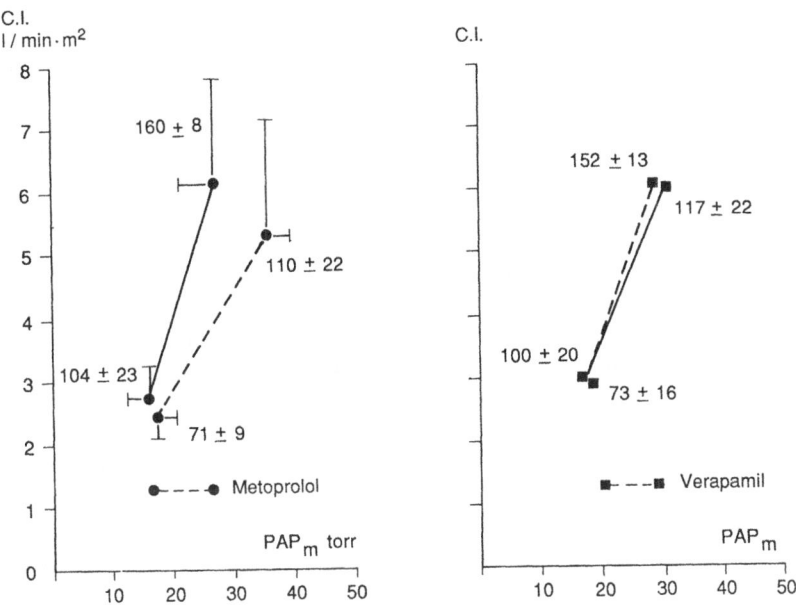

Abb. 8. Wirkung eines β-Blockers (Metoprolol) und eines Kalziumantagonisten (Verapamil) bei noch belastbaren Patienten mit Vorhofflimmern und kongestiver Kardiomyopathie (n = 6; x̄ ± SD). Beide Pharmaka führen in Ruhe zu vergleichbarer Senkung der Kammerfrequenz. Auch die unter identischer Belastung erreichte Senkung der Kammerfrequenz ist vergleichbar. Bei Behandlung mit Metoprolol sinkt aber der Herzindex (*C.I.*) und der durch den Pulmonalarterienmitteldruck reflektierte Füllungsdruck des linken Ventrikels steigt unter der β-Blockerwirkung an. Vergleichbare Befunde wurden bei Patienten mit Mitralvitien erhoben. (Nach Schlepper [28])

auf die Beseitigung einer zu großen Irregularität. Digitalis ist hier Mittel der ersten Wahl. Bleibt aber die AV-Überleitung bei genügender Digitalisierung schnell, so kann ein weiterer negativ-dromotroper Effekt auf die AV-Überleitung durch zusätzliche Gabe von Verapamil oder einem β-Rezeptorenblocker die Kammerfrequenz weiter senken und bei Verapamilgabe sogar zu einer Pseudoregularisierung führen. Wir selbst geben aufgrund hämodynamischer Untersuchungen (Abb. 8) Verapamil den Vorzug, da wahrscheinlich durch Beeinflussung über periphere Vasodilatation unter Belastung ein Anstieg des Herzindex mit geringeren Pulmonalarteriendrücken erreicht werden kann, so daß die Funktionskurve des Herzens nach links verschoben in einem günstigeren Bereich liegt. Bei Patienten mit zugrundeliegender Herzerkrankung ist dabei der negativ-inotrope Effekt beider Pharmaka zu berücksichtigen [28].

Die *Anfallsprophylaxe* bei Patienten mit Reentrytachykardien im AV-Knotenbereich oder bei Vorliegen einer akzessorischen Bahn gestaltet sich ebenfalls schwierig, da hier anders als beim paroxysmalen Vorhofflimmern und -flattern keine anamnestischen Hinweise auf den Auslösemechanismus selbst zu erhalten sind. Therapeutisches Ziel ist es, die „Triggermechanismen" in der Mehrzahl ventrikulärer und supraventrikulärer Extrasystolen

auszuschalten. Da die Auslösung der Reentrytachykardie durch solche ektopen Zusatzerregungen zeitlich kritisch ist, d. h. diese in die Echozone fallen
müssen, kann eine Arrhythmogenität durch Behandlung mit Klasse-I-Antiarrhythmika dazu führen, daß entweder die α- oder β-Bahn des Reentrykreises so verändert wird, daß die Echozone sich erweitert und die Reentrytachykardien unter zusätzlich wechselndem Einfluß des autonomen Nervensystems auszulösen sind.

Eine solche *Arrhythmogenität* wird immer wieder beobachtet und ist in
Einzelfällen genau belegt, jedoch fehlen bisher systematische prospektive
Untersuchungen zu diesem Problem. Bei der elektrophysiologischen Ähn-
lichkeit der Vorgänge bei Patienten auch mit akzessorischen Bahnen ist
Gleiches zu erwarten. Auch wenn es durch eine antiarrhythmische Dauertherapie gelingt, die Präexzitation im EKG zum Verschwinden zu bringen, bedeutet dies nicht, daß der Patient damit auf Dauer anfallsfrei ist. Die Beein-
flußbarkeit akzessorischer Bahnen durch Klasse-I-Pharmaka in antegrader
und retrograder Richtung ist unterschiedlich, und die Medikamente wirken
besonders in der Richtung, in der die akzessorische Bahn die längste Refraktärität aufweist [27, 41]. Im akuten Anfall einer Reentrytachykardie bei Patienten mit akzessorischer Bahn, in dem die Ventrikelerregung über das normale Erregungsleitungssystem erfolgt und die akzessorische Bahn den retrograd leitenden Schenkel des Reentrykreises bildet, ist wie bei den AV-Knoten-
Tachykardien Verapamil i. v. das medikamentöse Mittel der Wahl, wenn
vagusstimulierende Maßnahmen (die dem Patienten zu erklären sind) den
Anfall nicht unterbrechen. Eine Anfallsprophylaxe mit Verapamil verbietet
sich dagegen, da z. B. bei Vorhofflimmern sich unter einer Verapamilbehand-
lung die Leitungskapazität akzessorischer Bahnen deutlich verbessern kann,
so daß die resultierende Kammerfrequenz höher wird [22, 37].

Bei Patienten mit kurzer antegrader Refraktärzeit der akzessorischen
Bahn, die plötzlich Vorhofflimmern bekommen, ist das kürzeste auftretende
RR-Intervall streng korreliert mit der effektiven Refraktärzeit der akzessorischen Bahn in antegrader Richtung [40]. Als Sofortmaßnahme empfiehlt sich
die intravenöse Gabe von Ajmalin (50–100 mg) oder Propafenon (70–
140 mg) und bei Nichtansprechen die sofortige Gleichstromdefibrillation.
Diese Kranken sind in hohem Maße gefährdet, unter dem schnellen „Bom-
bardement" von ungefiltert übergeleiteten Vorhoferregungen Kammerflimmern zu entwickeln und einen plötzlichen Herztod zu erleiden. Sie sind die
geeigneten Kandidaten für eine Ablation oder eine chirurgische Durchtrennung der akzessorischen Bahnen, die eine vollständige Heilung bewirkt. Bei
entsprechender genauer elektrophysiologischer Voruntersuchung und Mapping während der Operation sind die chirurgischen Behandlungsmethoden
heute zuverlässig und mit einem so geringen Risiko verbunden [7], daß sie
einer medikamentösen Dauerbehandlung vorzuziehen sind.

Kardiodepressive Wirkungen von Antiarrhythmika

Da häufig die supraventrikulären Tachykardien bei sonst nicht herzkranken Patienten auftreten, ist die Frage nach kardiodepressiven Nebenwirkungen einer antiarrhythmischen Akut- oder Dauerbehandlung weniger relevant. Prinzipiell muß eine Kardiodepression jedoch stets in Betracht gezogen werden, insbesondere da sich bei Akutwirkungen und Nichtunterbrechung der Tachykardie zusätzliche hämodynamische Nebenwirkungen einstellen können.

Die kardiodepressiven Wirkungen der Klasse-I-Antiarrhythmika sind gekoppelt mit ihrer Fähigkeit, den Natriumeinstrom zu behindern. Dies hat unmittelbare Auswirkungen auf den Kalziumeinstrom, der über Natrium-Kalzium-Austauschvorgänge mit dem Natriumeinstrom verbunden ist [34]. Dabei spielt die Dauer der Haftung des Medikaments am Natriumkanal eine entscheidende Rolle. Medikamente mit langer Haftung am Natriumkanal, wie z. B. Prajmalin, entfalten generell eine stärkere kardiodepressive Wirkung als die mit kürzerer Haftung, wie z. B. Lidocain und Mexiletin. Der Nettoeffekt der kardiodepressiven Wirkung wird aber durch zusätzliche Wirkungen am peripheren Kreislauf im Sinne von Vasodilatation und Vasokonstriktion mit beeinflußt [30].

Wenn diese Beziehungen auch prinzipiell gelten, so ist der klinische Effekt unterschiedlich und hängt in hohem Maße von der zugrundeliegenden Herzerkrankung ab (zusammenfassende Darstellung, s. [33]). Selbst mit Prajmalinbitartrat als Monotherapie zur Behandlung ventrikulärer und supraventrikulärer Rhythmusstörungen bei einer Gruppe von 10 Patienten, von denen 5 eine Ejektionsfraktion um 30 % hatten, zeigte sich bei nahezu effektiver Kontrolle der Rhythmusstörung der mögliche kardiodepressive Effekt dieses am längsten am Natriumkanal haftenden Antiarrhythmikums lediglich an einer Abnahme der Ejektionsfraktion unter Belastung, wobei ebenfalls ein Effekt auf den systemischen Gefäßwiderstand deutlich wurde (Abb. 9; bisher unveröffentlichter Befund).

Ideal ist die Prüfung der kardiodepressiven Wirkung, wenn es gelingt, eine supraventrikuläre Reentrytachykardie beim gleichen Patienten einmal elektrisch und einmal durch die Wirkung eines Medikaments bei einer zweiten elektrisch ausgelösten Tachykardie zu terminieren. Wir selbst haben an 2 Kollektiven von je 10 Patienten die Wirkung von Verapamil und Aprindin untersucht. In Abb. 10 werden die Veränderungen bei Auslösung einer supraventrikulären Reentrytachykardie und bei ihrer Beendigung entweder durch elektrische Maßnahmen oder durch Aprindininfusion dargestellt. Dabei zeigt sich, daß die bereits eingangs erwähnten Adaptationsvorgänge Zeit brauchen, um die akut sich verschlechternde Hämodynamik wieder auszugleichen. Bei Terminierung kommt es zu der ebenfalls erwähnten posttachykarden Potenzierung, die aufgrund der vasodilatatorischen Effekte beim Aprindin deutlich stärker ausgeprägt ist bis auf die Erhöhung des dp/dt_{max}. Die Ergebnisse bei der Beendigung der Tachykardie durch Verapamil sind nahezu identisch, jedoch ist hier die vasodilatatorische Wirkung und damit die post-

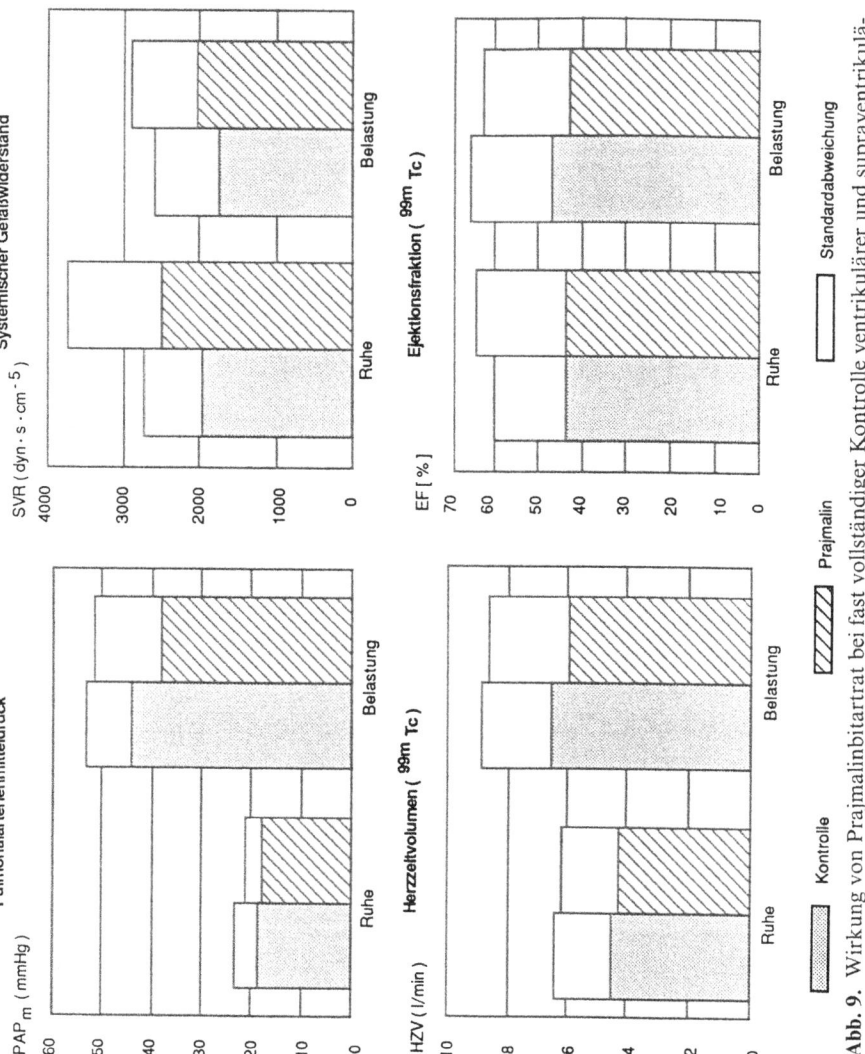

Abb. 9. Wirkung von Prajmalinbitartrat bei fast vollständiger Kontrolle ventrikulärer und supraventrikulärer Rhythmusstörungen bei einem Kollektiv von 10 Patienten mit eingeschränkter Auswurffraktion, aber noch normalem HZV in Ruhe (s. Text)

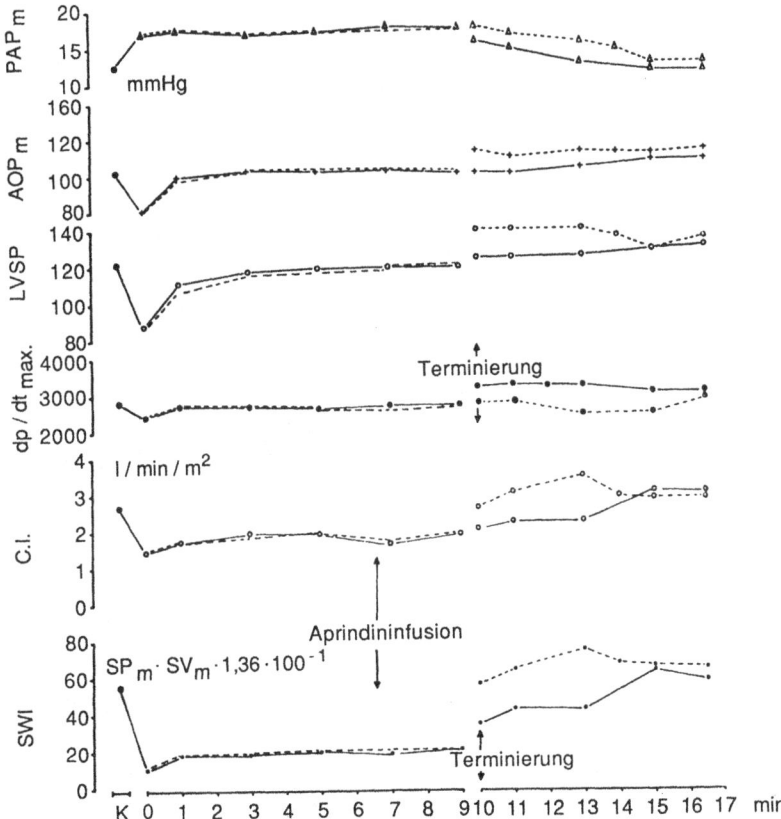

Abb. 10. Veränderungen während einer elektrisch ausgelösten supraventrikulären Tachykardie von 165/min (38jähriger, sonst gesunder Patient): Herzindex (*C.I.*; ml/m^2), Stroke-Work-Index ($SWI = SP_m \cdot SV_m \cdot 1{,}36 \cdot 100^{-1}$) PAP$_m$ (mm Hg), AOP$_m$ (mm Hg), LVSP (mm Hg) und dp/dt$_{max}$ (mm Hg · s^{-1}). Die Werte sind während der Tachykardie identisch, nach Beendigung ist bis auf dp/dt$_{max}$ die „posttachykarde Potenzierung" nach Aprindininfusion im Vergleich mit der elektrischen Termination für alle Werte deutlicher ausgeprägt. ● Kontrollwert, — elektrische Terminierung, - - - Terminierung durch Aprindin. (Nach Schlepper [27])

tachykarde Potenzierung einzelner Parameter noch deutlicher, jedoch ebenfalls die „negativ-inotrope Wirkung", wie sie durch das dp/dt$_{max}$. reflektiert wird [27, 32].

Bei Patienten mit Vorhofflimmern und Herzerkrankung geht aus Einzelbeobachtungen hervor, daß eine antiarrhythmische Therapie zum Erhalt eines wiederhergestellten Sinusrhythmus die Hämodynamik in gleicher Größenordnung wie die Rhythmusstörung selbst verschlechtern kann, so daß sowohl zu den Werten vor Eintritt des Vorhofflimmerns als auch zu den Werten bei Sinusrhythmus nach Vorhofflimmern ohne antiarrhythmische Therapie deutliche Unterschiede bestanden [29]. Wegen der Schwierigkeit solcher Untersuchungen fehlen aber bisher kontrollierte Studien, bei denen die kardiodepressive Wirkung einer prophylaktischen antiarrhythmischen

Therapie durch Vergleich der Hämodynamik bei Sinusrhythmus vor Eintreten von Vorhofflimmern und ohne antiarrhythmische Therapie mit den hämodynamischen Veränderungen der Rhythmusstörung selbst und denen bei wiedererlangtem Sinusrhythmus mit und ohne antiarrhythmische Therapie bewertet wird. Es wurde aber über Verbesserung der Pumpfunktion des Herzens berichtet, auch wenn Disopyramid oder die Kombination Verapamil/Chinidin zur Prophylaxe des Vorhofflimmerns weiter gegeben werden mußte. Die Hämodynamik war dabei sowohl anhand echokardiographischer Parameter (nur in Ruhe) als auch durch höheres Schlagvolumen bei niedrigerer Herzfrequenz (Ruhe und unter Belastung) verbessert. Die Patienten in dieser Gruppe (n = 23) waren aber voll digitalisiert, so daß hier möglicherweise durch die gleichzeitige Digitalismedikation kardiodepressiven Effekten entgegengewirkt wurde [1, 3]. Insgesamt zeigt sich daher auch bei der Behandlung der supraventrikulären Rhythmusstörungen, daß kardiodepressive Nebenwirkungen antiarrhythmischer Therapie beachtet werden müssen und ihre Auswirkungen am deutlichsten bei den Patienten werden, bei denen bereits eine gestörte Ventrikelfunktion vorliegt.

Nichtpharmakologische Therapieverfahren

Bei der Indikation zur medikamentösen Behandlung von supraventrikulären Tachykardien sind sowohl arrhythmogene als auch kardiodepressive Wirkungen in Betracht zu ziehen. Alternative kardiologische Interventionsverfahren werden ausgebaut und haben z. T. bereits jetzt ihren festen Platz in der Therapie. Die Ablation des His-Bündels mit intrakardialem DC-Schock vermag eine medikamentös nicht kontrollierbare Kammerfrequenz bei Vorhofflimmern ebenso wie zu hohe Frequenzen bei Rentrytachykardien mit und ohne akzessorische Bahnen zu kontrollieren. Diese Verfahren bedingen aber meistens eine permanente Schrittmacherbehandlung, da tiefe Ersatzrhythmen auf die Dauer nicht verläßlich die Erregung der Kammern gewährleisten [26]. Wegen der lebenslangen Schrittmacherpflichtigkeit solcher Patienten ist dabei die Indikation besonders streng zu stellen. Eine weitere Gefahr der Ablationstechnik mit DC-Schock besteht bei zu häufiger Anwendung darin, daß sich durch das Barotrauma Kardiomyopathien ausbilden können und Thromben in Vorhöfen und Kammern beschrieben sind [17]. Eine Alternative wäre in der bisher vorwiegend experimentell angewandten Ablation mit Laserstrahlen [21] oder in der Ablation mit Radiofrequenzströmen hoher Frequenz (300 kHz) zu sehen [14]. Ob die bei einigen Patienten sicher nachgewiesene selektive Schädigung des AV-Knoten/His-Bündel-Systems so gezielt gesetzt werden kann, daß nur eine Modulation der atrioventrikulären Überleitung durch Veränderung der Refraktärität in diesem System erfolgt, und ob diese nur für die Radiofrequenzablation gilt, wird diskutiert [18]. Die Patienten würden bei einem solchen Therapieerfolg schrittmacherunabhängig bleiben. Bisher ist dies nicht an einer genügend großen Zahl von Fällen nachgewiesen. Immerhin werden solche Modulationen der AV-Erregungslei-

Tabelle 1. Gegenüberstellung von Patienten mit supraventrikulären (*SVT*) und ventrikulären (*VT*) Tachykardien. Bis auf
signifikante Unterschiede im Alter und in der Geschlechtsvertei-
lung (* $p > 0{,}05$) kein Unterschied im klinischen Erscheinungsbild. (Aus Yusuff et al. [42])

	SVT (n = 13)	VT (n = 20)
♂ : ♀	7 : 6	18 : 2*
Alter	36 ± 13	59 ± 8 *
Palpitationen	13	14
Präsynkope	8	10
Synkope	3	4
Luftnot	5	9
Angina pectoris	6	6
Zykluslänge	346 ± 53	358 ± 79

tung auch bei ungezielter DC-Ablation beobachtet, und das Frequenzverhal-
ten der Patienten kann häufig danach mit geringerer Dosis eines Medikaments kontrolliert werden.

Wird bei einem sicher hochselektionierten Krankengut, das zur elektrophysiologischen Untersuchung einem entsprechenden Zentrum zugewie-
sen wurde, das Erscheinungsbild supraventrikulärer Tachykardien mit dem
ventrikulärer Tachykardien verglichen, so zeigt sich, daß die Auswirkungen
supraventrikulärer Tachykardien denen ventrikulärer Tachykardien in bezug
auf Palpitation, Synkope und Präsynkope, Luftnot und Angina pectoris bei
vergleichbarer Herzfrequenz gleich gesetzt werden können (Tabelle 1, [42]).
Es ist Ziel des ärztlichen Handelns, in bezug auf Befindensstörung, hämodynamische Auswirkung und mögliche elektrische lebensbedrohliche Folgen
einer supraventrikulären Tachykardie, die pathophysiologisch begründete,
korrekte und zielführende Therapie zu wählen.

Zusammenfassung

Bei supraventrikulären Tachykardien (SVT) wird die Hämodynamik von der
Frequenz der Tachykardie selbst beeinflußt, wobei zu Beginn und Ende der
SVT Anpassungsvorgänge mitbestimmend sind. Zu Beginn können diese
Adaptationsvorgänge die Hämodynamik verschlechtern und nach Beendigung auch zur Verbesserung beitragen. Vollständiges Fehlen der Vorhofsystole oder zeitlich nicht richtige Abstimmung zwischen Vorhof- und Kammersystole können bei SVT je nach zugrundeliegender Krankheit die Auswurfleistung des Herzens bis zu 40 % vermindern. Bei Kardioversion zu
Sinusrhythmus kommt es in Abhängigkeit von der Dauer der vorbestehen-
den Rhythmusstörungen erst zeitlich verzögert zum Wiederauftreten einer
mechanisch aktiven Vorhofsystole. Die Koronardurchblutung wird im wesentlichen durch die Frequenz selbst beeinträchtigt, da bei der Verkürzung

der Diastole und abfallendem Perfusionsdruck die Koronarreserve aufgebraucht wird. Da bei SVT eine zugrundeliegende Herzkrankheit häufig nicht nachgewiesen werden kann, muß die Indikation zur antiarrhythmischen Anfallsprophylaxe besonders streng gestellt werden. Dabei und bei aus anderen Gründen durchgeführter Dauerbehandlung sind neben den kardiodepressiven Nebenwirkungen der Antiarrhythmika auch mögliche zusätzliche Wirkungen auf Reizbildung und Erregungsleitung in Betracht zu ziehen. Bei den hämodynamischen Nebenwirkungen der Antiarrhythmika sind neben der negativ-inotropen Wirkung, die bei Klasse-I-Medikamenten mit der Haftung am Natriumkanal zusammenhängt, auch zusätzlich verstärkende oder abschwächende Wirkungen auf den peripheren Kreislauf zu berücksichtigen, die die hämodynamische Situation mitbestimmen. Alternative, nichtpharmakologische Therapieverfahren haben ihren Platz, sind aber ebenfalls nicht ohne Nebenwirkungen und Folgen und daher streng zu indizieren.

Literatur

1. Behrenbeck T, Brisse B, Lewe F, Kerber S, Dorsel T, Bender F (1988) Hämodynamische Parameter und Plasmakatecholaminspiegel vor und nach medikamentöser Rhythmisierung. In: Bender F, Brisse B, Lüderitz B (Hrsg) Herzrhythmusstörungen. Myokardfunktion. Kombinationstherapie. Steinkopff, Darmstadt, S 61–69
2. Bretschneider HJ, Cott L, Hellige G, Hensel I, Kettler D, Martl J (1971) A new hemodynamic parameter consisting of 5 additive determinants of estimation of the O_2-consumption of the left ventricle. (Proceedings of the International Congress of Physiological Sciences, pp 98–111)
3. Brisse B, Behrenbeck T, Send B, Bender F (1988) Änderungen der Herzfunktion bei medikamentöser Rhythmisierung von Vorhofflimmern. In: Bender F, Brisse B, Lüderitz B (Hrsg) Herzrhythmusstörungen. Myokardfunktion. Kombinationstherapie. Steinkopff, Darmstadt, S 49–58
4. Corday E, Serruya A, Gold H, Vyden JK (1988) The AFORMED phenomenon: alterating failure of response mechanical to electrical depolarisation. Circulation [Suppl 6] 38:60–76
5. Coumel P, Attuel P, Lavallee JP, Flammang D, Leclercq JF, Slama R (1978) Syndrome d'arythmie auriculaire d'origine vagale. Arch Mal Cœur 71:645
6. Coumel P, Leclercq JF, Attuel P (1981) Nadolol in arrhythmia. In: Gross F (ed) International experience with nadolol. Int Congr Symp Ser 37:103–130
7. Cox JL (1985) The status of surgery for cardiac arrhythmias. Circulation 71:413–420
8. Curry PVL (1985) The hemodynamic and electrophysiological effects of paroxysmal tachycardia. Clin Prog 3:181–201
9. DeMaria AN, Lies JK, King JF, Miller RR, Amsterdam EA, Mason DT (1975) Echocardiographic assessment of atrial transport, mitral movement, and ventricular performance following electroconversion of supraventricular arrhythmias. Circulation 51:273–282
10. Dodge HT, Kirkham FT, Ding CV (1957) Ventricular dynamics in atrial fibrillation. Circulation 15:335–347
11. Greenburg B, Chatterjee K, Parmley WW, Werner JA, Holly AN (1979) The influence of left ventricular filling pressure on atrial contribution to cardiac output. Am Heart J 98:742–751
12. Greenfield JC, Harley A, Thompson HK, Wallace AG (1968) Pressure-flow studies in man during atrial fibrillation. J Clin Invest 47:2411–2421
13. Holzmann M (1965) Klinische Elektrokardiographie. Thieme, Stuttgart
14. Huang SK, Bharati S, Graham A, Lev M, Marcus FI, Odell RC (1987) Closed chest catheter desiccation of the atrioventricular junction using radiofrequency energy – a new method of catheter ablation. J Am Coll Cardiol 9:349–358

15. James TN (1982) Diversity of histopathologic correlates of atrial fibrillation. In: Kulbertus HE, Olsson SB, Schlepper M (eds) Atrial fibrillation. Hässle, Mölndal
16. Koepchen HP (1972) Kreislaufregulation. In: Gauer, Kramer, Jung (Hrsg) Physiologie des Menschen, Bd 3: Herz und Kreislauf. Urban & Schwarzenberg, München Berlin Wien, S 399
17. Kunze KP, Schlüter M, Costard A, Nienaber CA, Kuck KH (1985) Right atrial thrombus formation after transvenous catheter ablation of the atrioventricular node. J Am Coll Cardiol 6:1428–1430
18. Kunze KP, Schlüter M, Geiger M, Kuck K-H (1988) Modulation of atrioventricular nodal conduction using radiofrequency current. Am J Cardiol 51:657–658
19. Little RC (1951) Effect of atrial systole on ventricular pressure and closure of the AV valves. Am J Physiol 166:289–300
20. Montgomery EF, Co BS, Pietras RJ (1966) Immediate and delayed hemodynamic changes resulting from the restaurations of atrial systole by electroversion. Circulation [Suppl 3] 33/34:172–185
21. Narula NS, Boveja BK, Cohen DM, Narula JT, Tarjan PP (1985) Laser catheter-induced atrioventricular nodal delays and atrioventricular block in dogs: acute and chronic observations. J Am Coll Cardiol 5:259–267
22. Neuss H, Schlepper M (1974) Influence of various antiarrhythmic drugs on functional properties of accessory AV pathways. Acta Cardiol [Suppl] 18:279–283
23. Rao PS, Thapar MK (1983) The AFORMED phenomen: A proposed etiology. Am J Cardiol 52:656
24. Ruskin J, Harley A, Rembert J, Greenfield JC (1968) Contribution of atrial systole to ventricular stroke volume in man. Circulation 6:168
25. Saunders DE, Ord JW (1962) The hemodynamic effects of paroxysmal supraventricular tachycardia in patients with the Wolff-Parkinson-White syndrome. Am J Cardiol 9:223–236
26. Scheinman MM, Evans-Bell T (1984) Catheter ablation of the atrioventricular junction: a report of the percutaneous mapping and ablation registry. Circulation 70:1024–1029
27. Schlepper M (1976) Wirkungen von Aprindin beim Präexzitationssyndrom. In: Seipel, Breithardt, Loogen (Hrsg) Neue Aspekte der antiarrhythmischen Therapie. Erfahrungen mit Aprindin. Cantor, Aulendorf, S 97–106
28. Schlepper M (1982) Control of ventricular rate in atrial fibrillation: role of the autonomous nervous system. In: Kulbertus HE, Olsson SB, Schlepper M (eds) Atrial fibrillation, Hässle, Mölndal
29. Schlepper M (1988) Hämodynamische Veränderungen bei kardialen Arrhythmien. In: Bender F, Brisse B, Lüderitz B (Hrsg) Herzrhythmusstörungen. Myokardfunktion. Kombinationstherapie. Steinkopff, Darmstadt, S 1–18
30. Schlepper M (1989) Cardiodepressive effects of antiarrhythmic drugs. Eur Heart J [Suppl] 10:73–80
31. Schlepper M, Conrad A (1988) Therapie supraventrikulärer Tachyarrhythmien. In: Lüderitz B, Antoni H (Hrsg) Perspektiven der Arrhythmiebehandlung. Springer, Berlin Heidelberg New York Tokyo, S 61–72
32. Schlepper M, Weppner HG, Merle H (1978) Haemodynamic effects of supraventricular tachycardias and their alterations by electrically and verapamil induced termination. Cardiovasc Res 12:28–33
33. Schmidt G (1989) Antiarrhythmische Therapie: Kardiodepressive Nebenwirkungen. Schauttauer, Stuttgart New York
34. Scholz H (1988) Antiarrhythmische und kardiodepressive Wirkungen antiarrhythmischer Substanzen. Z Kardiol [Suppl 5] 77:113–119
35. Sideris DA, Moulopoulus SD (1984) The AFORMED phenomenon. Am J Cardiol 54:247
36. Skinner NS, Mitchell J, Wallace AG, Sarnoff SJ (1964) Hemodynamic consequences of atrial fibrillation at constant ventricular rates. Am J Med 36:342–350
37. Spurrell RAJ, Krikler DM, Sowton E (1974) Effects of verapamil on electrophysiological properties of anomalous AV connexion in WPW syndrome. Br Heart J 36:256–260
38. Thormann J (1988) Klinische Gesichtspunkte zur Hämodynamik bei Herzrhythmusstörungen während antiarrhythmischer Behandlung. Z Kardiol [Suppl 5] 77:121–136

39. Thormann J, Schlepper M (1983) Hämodynamische Auswirkungen kardialer Arrhythmien. In: Lüderitz B (Hrsg) Herzrhythmusstörungen. Springer, Berlin Heidelberg New York Tokyo, S 355–421
40. Wellens HJJ, Durrer D (1974) Wolff-Parkinson-White syndrome and atrial fibrillation. Relation between refractory period of accessory pathway and ventricular rate during atrial fibrillation. Am J Cardiol 34:777–782
41. Wellens HJJ, Bär FW, Dassen WRM, Brugada P, Vanagt EJ, Farré J (1980) Effect of drugs in Wolff-Parkinson-White syndrome. Importance of initial length of effective refractory period of the accessory pathway. Am J Cardiol 46:665–669
42. Yusuff K, Tai YT, Campbell RWF (1988) Hemodynamic consequences of supraventricular tachycardias and their antiarrhythmic treatment. Z Kardiol [Suppl 5] 77:137–142

Hämodynamik bei ventrikulären Tachyarrhythmien und deren Behandlung *

M. Manz, W. Jung, R. Mletzko, B. Lüderitz

Patienten mit ventrikulären Tachyarrhythmien sind in hohem Maße vom plötzlichen Herztod bedroht. Untersuchungen von Reanimierten zeigen, daß dem Herz-Kreislauf-Stillstand in 2/3 der Fälle eine hochfrequente Kammerta- chykardie vorausgeht, deren klinische Auswirkung von hämodynamischen Wirkungen (Blutdruckabfall, Ischämie) bestimmt wird [1]. Diese wiederum beeinflussen die elektrophysiologischen Parameter über nervale und meta- bolische Reaktionen sowie über die Veränderung von Depolarisation und Repolarisation (Akzeleration der Tachykardiefrequenz, Zunahme der Inho- mogenität von Depolarisation und Repolarisation mit Degeneration der Tachykardie in Kammerflimmern). Die genauere Kenntnis dieser Wechsel- wirkungen kann zur besseren Identifizierung der vom plötzlichen Herztod Bedrohten beitragen. Neben der Risikoabschätzung lassen sich aus diesen Kenntnissen Schlüsse für die Akut- und Langzeitbehandlung von Patienten mit rezidivierenden Kammertachykardien ziehen.

Hämodynamik der Kammertachykardie

Hämodynamische Auswirkungen von Kammertachykardien sind abhängig von der Frequenz der Arrhythmie und der Kontraktilität des Herzens. Hinzu kommen der Verlust der Vorhofkontribution während AV-Dissozia- tion, eine mögliche valvuläre Regurgitation und die abnorme ventrikuläre Erregungsausbreitung. Absinken von Druck und Herzzeitvolumen führen zur nervalen und humoralen Gegenregulation. Sekundäre Veränderungen wie Myokardischämie, Kontraktionsstörung, metabolische Veränderungen und Organhypoxie bestimmen schließlich Schwere und Ausgang der ventrikulä- ren Tachykardie ([11]; vgl. Übersicht).

Hämodynamische Auswirkungen bei tachykarden Rhythmusstörungen

Primär	Sekundär
Frequenzerhöhung	Myokardischämie
Verlust der Vorhofkontribution	Kontraktionsstörung
Valvuläre Regurgitation	Metabolische Veränderung
Abnorme Depolarisation	
Periphere Gegenregulation	Organhypoxie

Prof. Dr. M. Manz, Med. Univ.-Klinik, Innere Medizin–Kardiologie, Sigmund-Freud-Str. 25, 5300 Bonn 1
* Mit Unterstützung der Deutschen Forschungsgemeinschaft (DFG Ma 1024/1–2)

**Simulation der Kammertachykardie durch ventrikuläre
hochfrequente Stimulation**

Hämodynamische Messungen während spontaner ventrikulärer Tachykardie
waren bislang nicht durchführbar. Thormann u. Schlepper [15] zogen deshalb die hochfrequente ventrikuläre Stimulation als Modell für die Bestimmung hämodynamischer Größen bei persistierender Kammertachykardie
heran. Die 1minütige Kammerstimulation mit einer Frequenz von 170/min
zeigte folgende Änderungen der hämodynamischen Meßgrößen im Vergleich
zum Ausgangswert: Abfall des mittleren Aortendrucks um 10%, des Herzzeitvolumens um 16% und des Schlagvolumens um 59% bei gleichzeitigem
Anstieg des Pulmonalarterienmitteldrucks um 44%, des totalen Gefäßwider-
stands um 18% und der Koronardurchblutung um 29%. Der Vorteil dieses
Modells ist darin zu sehen, daß hämodynamische Änderungen unter hoher
Kammerfrequenz bei verschiedenen Krankheitsbildern wie Vitium cordis
oder linksventrikulärer Hypertrophie auswertbar sind. Das Ausmaß der hämodynamischen Konsequenzen dürfte von diesem Modell im Vergleich zu
persistierenden Kammertachykardien unterschätzt werden.

Mit dem Einsatz der programmierten ventrikulären Stimulation zur Induktion und zur Unterbrechung von Kammertachykardien wurden systematische Untersuchungen zum Verhalten von Änderungen des Drucks und des
Herzzeitvolumens während der Tachykardie möglich.

Änderungen des arteriellen Drucks

Abbildung 1 veranschaulicht das Blutdruckverhalten bei einem Koronarkranken mit einer Auswurffraktion von 27%. Mit Einsetzen der Kammertachykardie und dem abrupten Frequenzanstieg auf 230/min (RR-Intervall
260 ms) fällt der arterielle Blutdruck unter 50 mm Hg ab. Eine effektive Gegenregulation mit Wiederanstieg des arteriellen Drucks wird nicht erkennbar.
Klinisch geht der Blutdruckabfall zunächst mit Benommenheit und dann
Bewußtlosigkeit einher, so daß eine umgehende Elektroschockkardioversion
erforderlich wird. Hammer et al. fanden, daß die sofortige Bewußtlosigkeit
während Kammertachykardie mit einem Blutdruckabfall von im Mittel
84 ± 12 mm Hg auf 37 ± 16 mm Hg einherging [6]. Bei Kammertachykardien,
die nicht zu Bewußtlosigkeit führten, fiel der arterielle Druck in den ersten 5 s
nach Einsetzen der Tachykardie ebenfalls auf 50 ± 9 mm Hg ab; es folgte
jedoch ein Wiederanstieg des Aortendrucks auf im Mittel 76 ± 15 mm Hg
innerhalb einer Minute. Die unmittelbare Bewußtlosigkeit mit Einsetzen der
Kammertachykardie wird demnach von der Unfähigkeit bestimmt, einen
arteriellen Mitteldruck > 50 mm Hg aufrechtzuerhalten [6]. Ein solch kritischer
Blutdruckabfall mit neurologischer Symptomatik wurde bei Tachykardiefre-
quenzen von 253 ± 37/min beobachtet, während Patienten ohne unmittelbare
Bewußtlosigkeit eine niedrigere Tachykardiefrequenz von 193 ± 24/min aufwiesen. Es fand sich eine Überlappungszone im Frequenzbereich zwischen
200 und 230/min, da myokardiale Kontraktilität, Klappeninsuffizienz und

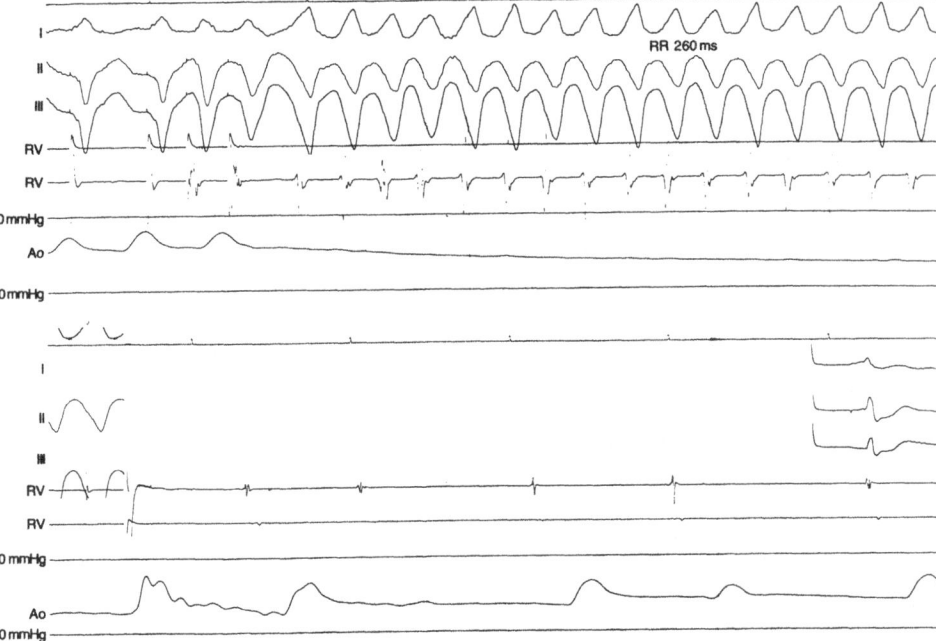

Abb. 1. Induktion einer ventrikulären Tachykardie durch programmierte Stimulation: Mit Einsetzen der Kammertachykardie fällt der Blutdruck (*Ao*) auf Werte unter 50 mm Hg ab, so daß eine unmittelbare Defibrillation notwendig wird. Dann steigt der Aortendruck wieder an

humorale Gegenregulation neben Tachykardiefrequenz die Blutdruckreaktion beeinflussen. Es bestand jedoch kein Unterschied zwischen den Patientengruppen mit und ohne neurologischer Symptomatik in bezug auf Herzindex, intrakardiale Drücke und peripheren Widerstand während Sinusrhythmus [6]. – In einer vergleichbaren Meßanordnung fanden Saksena et al. eine Korrelation zwischen Tachykardiefrequenz und systolischem arteriellen Druck während der Kammerrhythmusstörung. Als Ursache für den Blutdruckabfall während der Tachykardie konnten die Autoren zusätzlich eine tachykardiebedingte Füllungsbehinderung des linken Ventrikels nachweisen, die durch eine linksventrikuläre Relaxationsstörung weiter ungünstig beeinflußt wurde [13].

Diese Ergebnisse zeigen, daß die Frequenz der Kammertachykardie eine wesentliche Determinante für die Aufrechterhaltung eines minimalen systemischen Drucks und damit für die Entwicklung einer möglichen Bewußtlosigkeit darstellt. Daraus kann abgeleitet werden, daß die antiarrhythmische Therapie u. a. die Tachykardiefrequenz senken und einen kritischen Blutdruckabfall verhindern soll, um so Zeit und Möglichkeiten für weitere therapeutische Maßnahmen zu gewinnen (s. S. 111).

Herzzeitvolumen

Unter den kontrollierten Bedingungen der durch programmierte Stimulation induzierte Kammertachykardie wurden systematische Untersuchungen zum Verhalten des Herzzeitvolumens während der ventrikulären Tachykardie möglich. Diese Messungen (Thermodilution) sind jedoch nur bei hämodynamisch stabilen Kammertachykardien durchführbar, da die Bestimmung selbst Zeit beansprucht. – Abbildung 2 zeigt das Verhalten des Herzzeitvolumens während einer Kammertachykardie mit einer Frequenz von 140/min. Mit dem Beginn der Tachykardie fällt das Herzzeitvolumen von 6,9 l/min auf 4,8 l/min ab und stabilisiert sich ebenso wie der Aortendruck auf niedrigerem Niveau während des Untersuchungszeitraums. Nach Unterbrechung der Tachykardie übersteigen Sinusfrequenz und Herzzeitvolumen den Ausgangswert vor Tachykardieinduktion.

Im Rahmen einer elektrophysiologischen Untersuchung wurde das Herzzeitvolumen bei 25 Patienten mit hämodynamisch stabilen Kammertachykardien bestimmt. Drei dieser Patienten hatten eine dilative Kardiomyopathie, bei 22 bestand eine koronare Herzkrankheit. Die mittlere angiographisch gemessene Auswurffraktion betrug $39 \pm 12\%$. Bei 4 Patienten bestand keine antiarrhythmische Behandlung, bei der Mehrzahl der Patienten lag zum Zeitpunkt der Untersuchung eine orale antiarrhythmische Therapie zugrunde.

Während Sinusrhythmus mit einer Frequenz von 74 ± 7/min betrug das mittlere Herzzeitvolumen $6,9 \pm 2,5$ l/min. Mit Einsetzen der Kammertachykardie stieg die Herzfrequenz auf 166 ± 41/min an, gleichzeitig fiel das Herzzeitvolumen um 48% auf $3,6 \pm 11$ l/min ($p < 0,001$) ab. Für das Herzzeitvolumen während der Kammertachykardie war eine Korrelation zur Auswurffraktion nachweisbar (Abb. 3), während eine Abhängigkeit der Absolutwerte des Herzzeitvolumens von der Tachykardiefrequenz nicht nachgewiesen werden konnte (Abb. 4). Wurde jedoch die Änderung des Herzzeitvolumens mit Einsetzen der Kammertachykardie (ΔHZV) analysiert, so ergab sich eine negative Korrelation mit der Tachykardiefrequenz (Abb. 5). Herzzeitvolumen und Tachykardiefrequenz vor und nach der Tachykardieepisode konnten bei 14 Patienten verglichen werden. Die mittlere Sinusfrequenz war von 74 ± 8/min auf 82 ± 14/min angestiegen, gleichzeitig hatte das Herzzeitvolumen von $5,9 \pm 1,1$ l/min auf $6,5 \pm 1,3$ l/min zugenommen ($p < 0,05$).

Diesen Ergebnissen zufolge sind Tachykardiefrequenz und Kontraktilität die entscheidenden Größen für die Änderung des Herzzeitvolumens während der Kammertachykardie. Die Bedeutung der linksventrikulären Kontraktilität für die hämodynamische Auswirkung der Kammertachykardie steht in Übereinstimmung mit Befunden von Wilber et al., die eine erniedrigte Auswurffraktion bei Tachykardiepatienten als unabhängigen Risikofaktor für den plötzlichen Herztod nachweisen konnten [16]. Wie der arterielle Druck stabilisiert sich das Herzzeitvolumen auf einem niedrigen Niveau im Falle von Patienten, die mit Einsetzen der Rhythmusstörung nicht unmittelbar bewußtlos werden. Diese passagere Stabilität von Druck und Herzzeitvolumen eröffnet die Möglichkeit für eine medikamentöse oder elektrophysiologische Intervention zur Beendigung der Tachykardie.

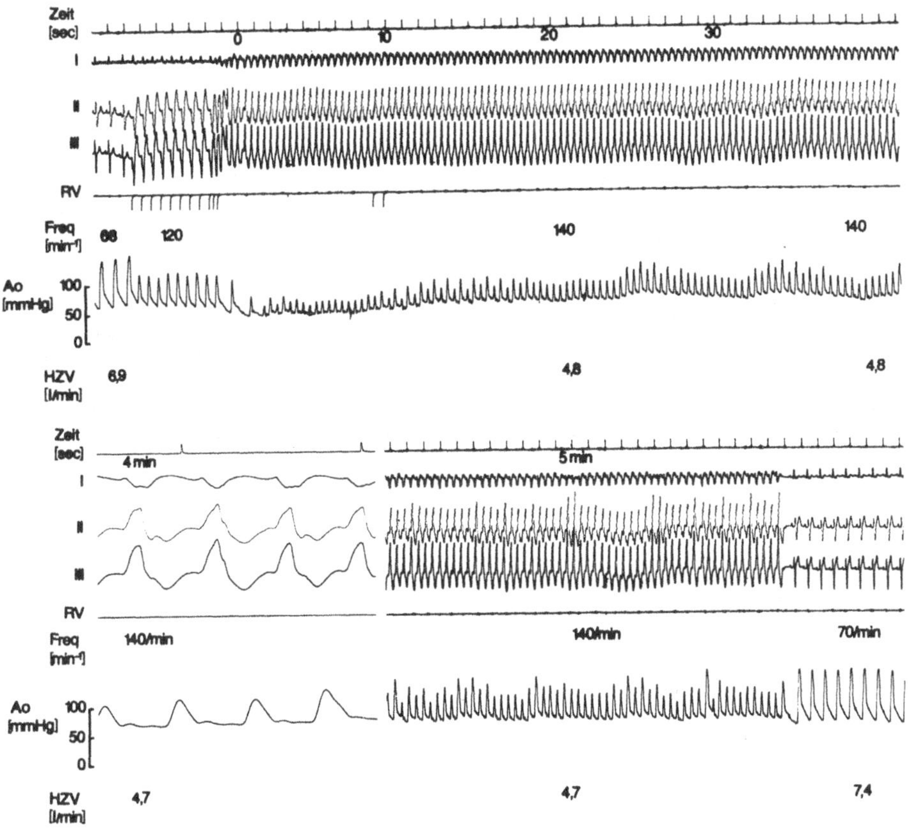

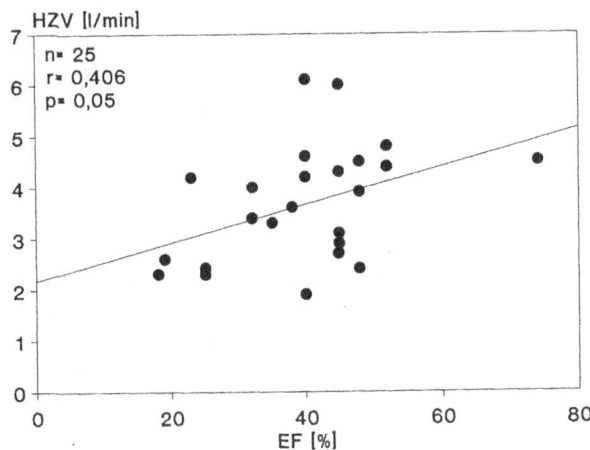

Abb. 2. Verhalten von Aortendruck (*Ao*) und Herzzeitvolumen (*HZV*) bei hämodynamisch stabiler Kammertachykardie. Nach Induktion der ventrikulären Tachykardie fällt Ao zunächst ab. Nach 10 s ist ein Wiederanstieg zu verzeichnen. Das HZV stabilisiert sich zwischen 4,8 und 4,7 l/min

Abb. 3. Beziehung zwischen dem Herzzeitvolumen (*HZV*) während der Tachykardie und der angiographisch bestimmten linksventrikulären Auswurffraktion (*EF*)

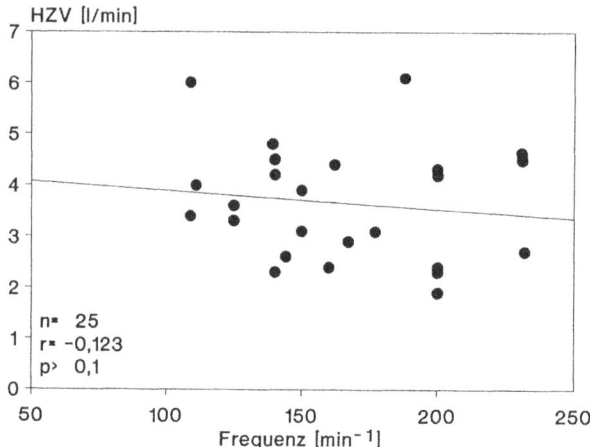

Abb. 4. Es findet sich keine Korrelation zwischen dem Herzzeitvolumen während der ventrikulären Tachykardie und deren Frequenz

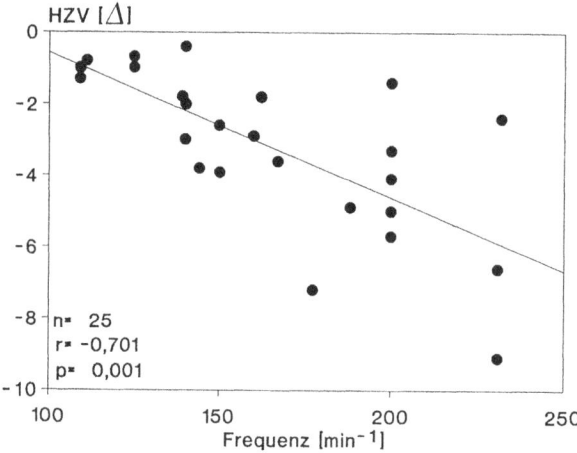

Abb. 5. Das Ausmaß der Abnahme des Herzzeitvolumens unter der Kammertachykardie zeigt eine signifikante Korrelation zur Frequenz der ventrikulären Tachyarrhythmie

Metabolische Änderungen

Mit Einsetzen der Tachykardie kommt es über Druck- und Volumenrezeptoren zu Reaktionen, die dem Blutdruckabfall entgegenwirken und zur Aufrechterhaltung der Perfusion der lebenswichtigen Organe beitragen. Im Mittelpunkt steht die Aktivierung des autonomen Nervensystems, dessen Funktion sich in den Plasmakonzentrationen der Transmitter widerspiegelt. – In einer Untergruppe der Kammertachykardiepatienten wurde das Verhalten von Noradrenalin, Adrenalin, Dopamin und zusätzlich des atrialen natriuretischen Peptids (ANP) bestimmt. Bei 11 Patienten wurden anhaltende Kammertachykardien ausgelöst, 12 weitere Patienten dienten als Kontrollkollektiv, um Einflüsse des Meßvorgangs berücksichtigen zu können. Das Alter der Patienten betrug 54 ± 2 Jahre und die mittlere Auswurffraktion $41 \pm 4\%$. Mit der Induktion der Kammertachykardie fiel der Herzindex von $4,0 \pm 0,6$ l/min/m^2 auf $2,2 \pm 0,4$ l/min/m^2 ab. Die Plasmaspiegel des Noradrenalins stiegen von 252 ± 55 pg/ml auf 460 ± 74 pg/ml und die des Adrenalins von 48 ± 37 pg/ml auf 82 ± 28 pg/ml an ($p < 0,01$). Die Plasmakonzentration von Dopamin zeigte keine signifikante Änderung unter der Kammertachykardie (39 ± 11 vs. 40 ± 8).

Mit der Abnahme des Herzzeitvolumens konnte ein signifikanter Anstieg der ANP-Konzentration von 37 ± 5 pg/ml auf 104 ± 28 pg/ml beobachtet werden ($p < 0,05$; Abb. 6). Dieser Anstieg des ANP war um so höher, je ausgeprägter das Herzzeitvolumen beim Einzelpatienten abfiel; es bestand demnach eine negative Korrelation zwischen der Reduktion des Herzzeitvolumens und dem Anstieg des ANP.

Während die Erhöhung von Adrenalin und Noradrenalin als neurale und humorale Gegenregulation mit Einsetzen des Blutdruckabfalls unter Tachykardie aufzufassen ist, ist die Rolle des ANP im Rahmen der Kammertachykardie derzeit nicht bekannt. Auslösend dürften Druckänderungen im Atrium während der Tachykardie sein [3]. Möglicherweise kommt der ANP-Freisetzung während der Tachykardie eine Bedeutung für die Regulation des Tonus der Koronargefäße zu [8].

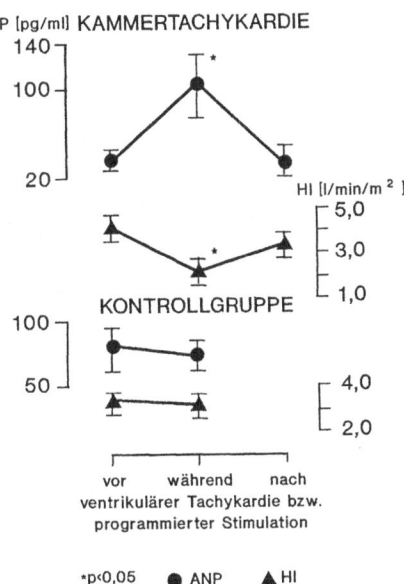

Abb. 6. ANP während ventrikulärer Tachykardie. Mit dem Absinken des Herzindex (*HI*) von $4,0 \pm 0,6$ l/min/m^2 auf $2,2 \pm 0,4$ l/min/m^2 wird ein signifikanter Anstieg des ANP-Spiegels von 37 ± 5 pg/ml auf 104 ± 28 pg/ml beobachtet ($n = 11$). Der Meßvorgang selbst zeigt bei der Kontrollgruppe keinen Einfluß auf den ANP-Spiegel und auf das Herzzeitvolumen

Hämodynamische Einflüsse der antiarrhythmischen Therapie

Antiarrhythmika können die Hämodynamik bei Patienten mit Kammerrhythmusstörungen durch Suppression von ventrikulären Ektopien und
durch Verlangsamung der Tachykardiefrequenz verbessern. Andererseits besitzen Antiarrhythmika eine unterschiedliche negativ-inotrope Wirkung und
können dadurch die myokardiale Kontraktilität beeinträchtigen, insbesondere bei vorbestehender Einschränkung der Pumpfunktion. Die Auswirkung
der negativ-inotropen Eigenschaften sind unter chronischer oraler Therapie
nicht ohne weiteres quantifizierbar. Ausgeprägtere Beeinträchtigungen der
Pumpfunktion werden unter den Klasse-I A- und -I C-Substanzen Chinidin,
Disopyramid, Propafenon und Flecainid beobachtet. Ajmalin ebenso wie die
Klasse-I B-Antiarrhythmika Lidocain, Mexiletin und Tocainid zeigen nur
eine minimale Depression der Pumpfunktion (vgl. [10]). Bei den Klasse-III-
Substanzen werden unter Amiodaron keine oder nur minimale hämodynamische Beeinträchtigungen berichtet [12]. Unter Sotalol wird trotz β-blockie-
render Eigenschaften eine gute Toleranz auch bei reduzierter linksventrikulärer Pumpfunktion mitgeteilt [11, 14]. Untersuchungen zu den hämodynamischen Effekten von Antiarrhythmika werden in aller Regel während des
Grundrhythmus erhoben. Messungen zur Beurteilung der hämodynamischen
Änderungen während der Tachyarrhythmie selbst wurden bisher nicht vorgenommen.

Orale Therapie mit Amiodaron

Im Rahmen einer elektrophysiologischen Therapieeinstellung mit Amiodaron wurde das Herzzeitvolumen während Sinusrhythmus und während induzierter Kammertachykardie bei 5 Patienten untersucht; Abb. 7 veranschaulicht exemplarisch das Verhalten von Frequenz und Herzzeitvolumen. Nach
Induktion der Kammertachykardie mit einer Frequenz von 200/min kommt
es zu einem steilen Abfall des Herzzeitvolumens, so daß eine unmittelbare
Unterbrechung der Tachykardie (Überstimulation) erforderlich wird. Nach
der Aufsättigungsphase mit Amiodaron (insgesamt 15 g) sind Ausgangsfre-
quenz und Herzzeitvolumen während Sinusrhythmus im gleichen Bereich wie
während der Untersuchung ohne Antiarrhythmika. Die Kammertachykardie
hat jetzt eine Frequenz von 140/min; unter dieser niedrigeren Frequenz stabilisiert sich das Herzzeitvolumen nach einem initialen Abfall zwischen 5,1 und
5,9 l/min. – Bei einer mittleren Zunahme des Tachykardieintervalls von
341 ± 108 ms auf 412 ± 93 ms stieg das Herzzeitvolumen von $3,7 \pm 1,3$ l/min
auf $4,5 \pm 1,6$ l/min an. Die Ergebnisse deuten auf die notwendige Frequenzsenkung der Kammertachykardie zur Verbesserung des Herzzeitvolumens
unter chronischer antiarrhythmischer Behandlung.

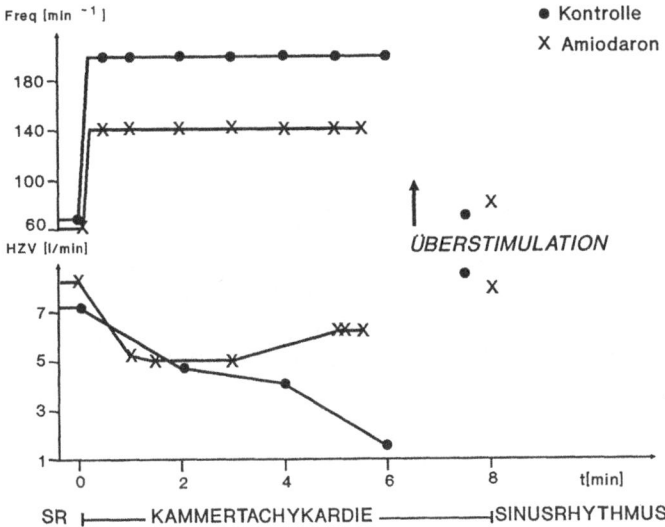

Abb. 7. Herzfrequenz und Herzzeitvolumen unter Amiodarontherapie während Sinusrhythmus und induzierter Kammertachykardie. Erläuterungen s. Text

Intravenöse Akuttherapie bei ventrikulärer Tachykardie: Lidocain vs. Ajmalin

Führt die ventrikuläre Tachykardie unmittelbar zum Kreislaufstillstand oder zur Bewußtlosigkeit, so ist die unverzügliche Elektrokardioversion angezeigt. Die medikamentöse Intervention zur Tachykardieunterbrechung kommt in Betracht, wenn die persistierende Tachykardie nicht mit gravierenden hämodynamischen Beeinträchtigungen einhergeht. In Anlehnung an die antifibrillatorische Wirksamkeit von Lidocain beim akuten Myokardinfarkt wurde zur Unterbrechung von Kammertachykardien in aller Regel Lidocain als Substanz der Wahl empfohlen, obwohl hierzu systematische Untersuchungen fehlen [7, 9]. Als Pathomechanismus rezidivierender, persistierender ventrikulärer Tachykardien wird eine Kreiserregung angenommen [4]. Ein Antiarrhythmikum sollte zur Unterbrechung der Tachykardie eine Hemmung oder passagere Blockierung der Erregungsleitung im Reentrykreis hervorrufen. Die antiarrhythmische Wirkung von Lidocain wird jedoch auf die Beeinflussung der Depolarisation im ischämischen Myokard zurückgeführt. In therapeutischen Konzentrationen wurde unter Lidocain eine Zunahme der Leitungsgeschwindigkeit in Purkinje-Fasern und Herzmuskelzellen gemessen [5]. Im Vergleich zu der Klasse-I B-Substanz Lidocain bewirkt Ajmalin eine ausgeprägtere Verzögerung der maximalen Depolarisation und damit der Erregungsausbreitung. Ajmalin verzögert im Frequenzbereich von paroxysmalen Tachykardien die Wiederverfügbarkeit des Natriumsystems („use dependence"), so daß Leitungsblockierungen zur Unterbrechung der Tachykardie begünstigt werden [17]. Wir untersuchten deshalb die Effektivität von Lidocain im Vergleich zu Ajmalin in bezug auf die Unterbrechung der

Tachykardie. Zusätzlich wurde die hämodynamische Auswirkung der Arzneimittelintervention erfaßt, da im Falle des Fortbestehens der Tachykardie sich die negativ-inotrope Wirkung der Substanz als ungünstig erweisen könnte.

Im randomisierten Vergleich wurde bei 57 Patienten mit persistierender, hämodynamisch stabiler Kammertachykardie entweder mit Lidocain (100–200 mg i.v.) oder Ajmalin (50–75 mg i.v.) behandelt. Das Alter der Patienten betrug 59 ± 10 Jahre. Es bestand eine koronare Herzkrankheit bei 47 Patienten, eine Kardiomyopathie bei 7, ein Zustand nach Myokarditis bei einem Patienten und bei 2 weiteren ein Vitium cordis. Die mittlere angiographisch bestimmte Auswurffraktion betrug $39 \pm 12\%$. Zum Zeitpunkt der Untersuchung waren 13 Patienten ohne antiarrhythmische Behandlung; eine orale Vorbehandlung mit verschiedenen Antiarrhythmika bestand bei 44 Patienten.

Unterbrechung der Tachykardie und Frequenzänderung

Nach Injektion von Lidocain kam es bei 4 von 27 Patienten (15%) zur Konversion der Tachykardie in Sinusrhythmus (Abb. 8). Ajmalin unterbrach die Kammertachykardie bei 19 von 30 Patienten (63%). Unter dem Einfluß von Lidocain blieb das mittlere RR-Intervall während der Tachykardie unbeeinflußt (Kontrolle 408 ± 71 ms, Lidocain 413 ± 72 ms). Ajmalin hingegen verlängerte die mittlere Zykluslänge während der Kammertachykardie von 371 ± 86 ms auf 479 ± 137 ms ($p < 0,01$; Abb. 9).

QRS-Dauer während der Tachykardie und präautomatische Pause

Lidocain zeigte keinen signifikanten Einfluß auf die mittlere QRS-Dauer während der Tachykardie (Abb. 10). Unter dem Einfluß von Ajmalin nahm die QRS-Dauer während der Arrhythmie von 164 ± 28 ms auf 214 ± 49 ms ($p < 0,01$) zu. – Der Einfluß der Substanzen auf die präautomatische Pause nach Tachykardieunterbrechung konnte bei 30 Patienten beurteilt werden. Nach Lidocain betrug die präautomatische Pause 813 ± 228 ms, nach Ajmalin 869 ± 240 ms; der Unterschied war nicht signifikant (Abb. 11).

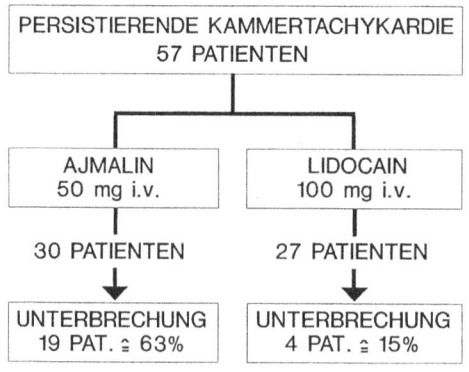

Abb. 8. Akute medikamentöse Intervention bei 57 Patienten mit persistierender ventrikulärer Tachykardie. Injektion von Ajmalin führt unmittelbar zur Unterbrechung der ventrikulären Tachykardie bei 19 von 30 Patienten, während Lidocain bei 4 von 27 Patienten die Tachykardie beendet

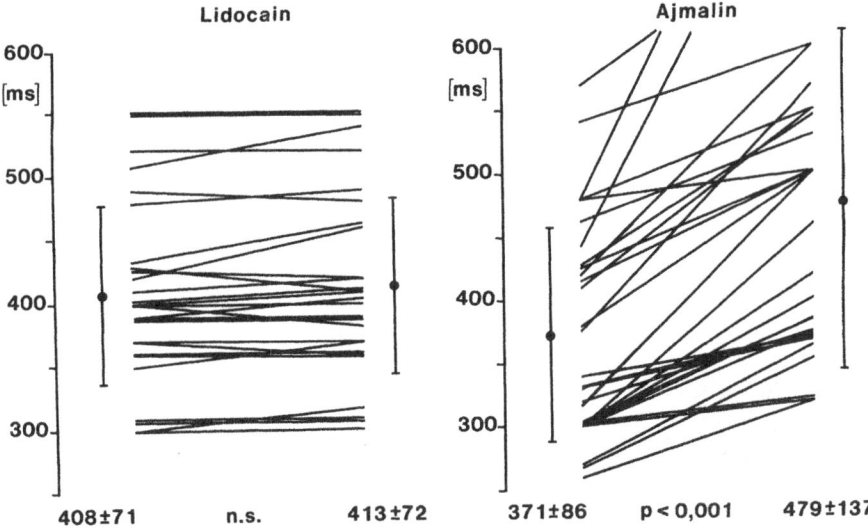

Abb. 9. Änderung der Zykluslänge der ventrikulären Tachykardie unter dem Einfluß von Lidocain und Ajmalin. Während Ajmalin zu einer signifikanten Zunahme der Zykluslänge und damit zur Frequenzsenkung führt, ist unter Lidocain keine Änderung der Tachykardiefrequenz nachweisbar

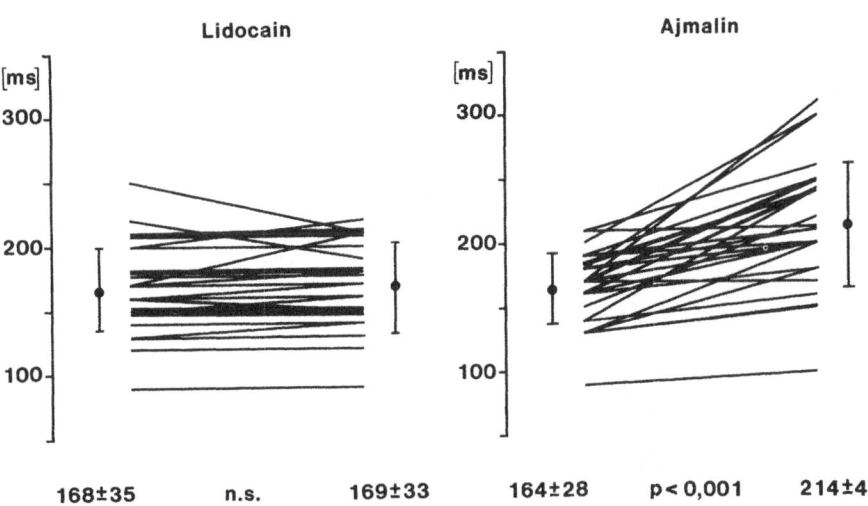

Abb. 10. QRS-Intervall während der Kammertachykardie. Die ventrikuläre Depolarisation wird von Lidocain nicht beeinflußt, während Ajmalin die QRS-Intervalle signifikant verbreitert als Ausdruck einer Verzögerung der ventrikulären Depolarisation

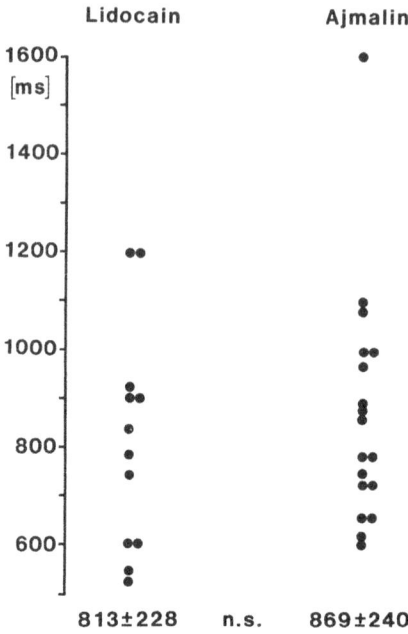

Abb. 11. Die präautomatischen Pausen nach Unterbrechung der ventrikulären Tachykardie unter Lidocain- und Ajmalingabe unterscheiden sich nicht. Eine posttachykarde Asystolie wird in keinem Falle beobachtet

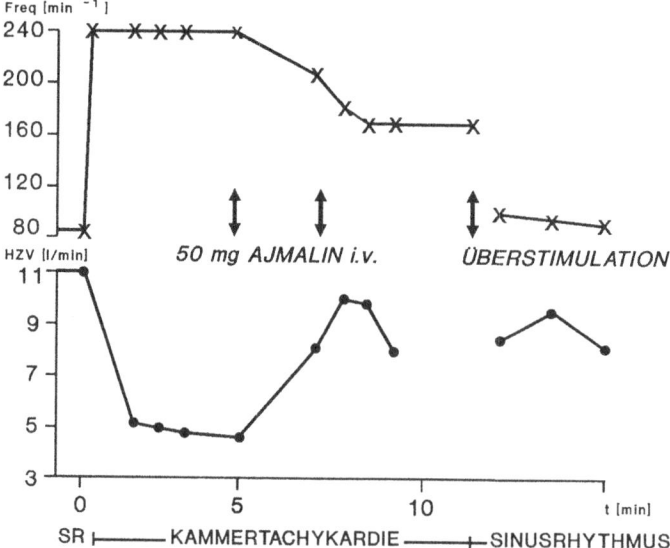

Abb. 12. Änderung des Herzzeitvolumens unter dem Einfluß von Ajmalin. Erläuterungen s. Text

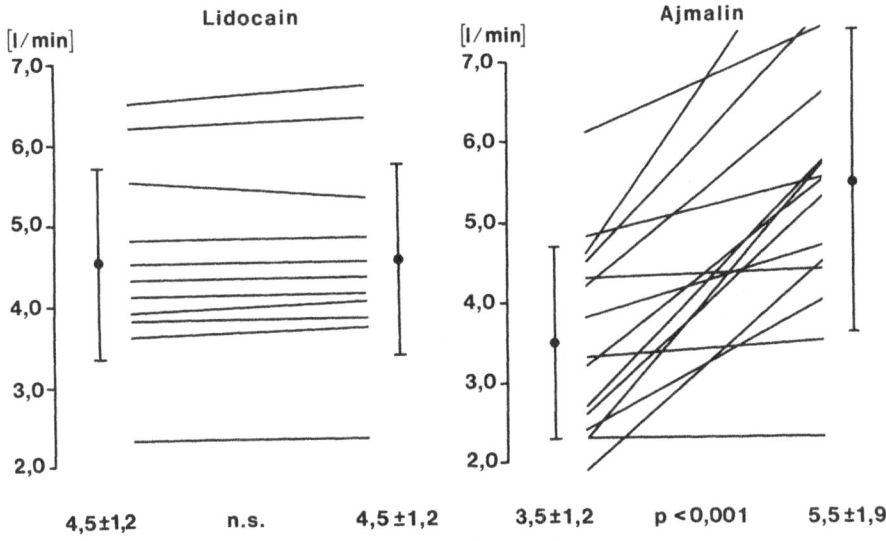

Abb. 13. Verhalten des Herzzeitvolumens während der Kammertachykardie unter dem Einfluß von Lidocain und Ajmalin. Lidocain führt zu keiner signifikanten Änderung, während das Herzzeitvolumen unter Ajmalin signifikant ansteigt

Herzzeitvolumen

Die Bestimmung des Herzzeitvolumens wurde unter Lidocain bei 11 Patienten und unter Ajmalin bei 15 Patienten vorgenommen. Lidocain zeigte keine Änderung des Herzzeitvolumens während der Kammertachykardie. Unter Ajmalin stieg das Herzzeitvolumen der Tachykardie bei 13 Patienten an und blieb bei 2 Patienten unverändert. Abbildung 12 zeigt das Verhalten des Herzzeitvolumens bei einem Patienten, dessen Tachykardie durch Ajmalin nicht beendet wurde. Mit Einsetzen der Tachykardie und Frequenzanstieg auf 240/min fällt das Herzzeitvolumen auf 4,8 l/min ab. Ajmalin senkt die Kammerfrequenz auf 170/min, gleichzeitig steigt das Herzzeitvolumen trotz Fortbestehens der ventrikulären Tachykardie an. Bei nunmehr niedrigerer Tachykardiefrequenz gelingt die Beendigung der Rhythmusstörung durch Überstimulation. – Das mittlere Herzzeitvolumen während der Tachykardie stieg von $3,5 \pm 1,2$ l/min auf $5,5 \pm 1,9$ l/min unter dem Einfluß von Ajmalin an ($p < 0,01$; Abb. 13).

Diese Ergebnisse lassen die Bedeutung der Tachykardiefrequenz als wesentlichen Faktor für die Aufrechterhaltung eines minimalen Herzzeitvolumens während der Kammertachykardie erkennen. Gelingt es durch Verzögerung der Erregungsausbreitung, die Tachykardiefrequenz zu senken, so kommt es trotz Fortbestehens der Tachykardie zu einem Anstieg des Herzzeitvolumens und damit zur Stabilisierung der Hämodynamik.

Zusammenfassung

Die hämodynamischen Auswirkungen der Kammertachykardie bestimmen das klinische Erscheinungsbild und ggf. die Möglichkeiten der medikamentösen Intervention. Bei Frequenzen über 230/min tritt regelhaft eine zerebrale Minderversorgung mit Bewußtlosigkeit auf. Zwischen dem Abfall des arteriellen Drucks und der Tachykardiefrequenz besteht eine enge Beziehung. Im Fall von Tachykardien ohne initiale Bewußtlosigkeit ist eine Stabilisierung von Aortendruck und Herzzeitvolumen nachweisbar. Hierbei kommt es zu einer Reduktion des Herzzeitvolumens um ca. 50 %. Das Ausmaß der Verminderung des Herzzeitvolumens steht in Beziehung zur Tachykardiefrequenz und zur linksventrikulären Kontraktilität (Auswurffraktion). – Bei oraler (Amiodaron) wie intravenöser (Ajmalin) medikamentöser Therapie wird die Stabilisierung der Hämodynamik über eine Frequenzsenkung der Kammertachykardie erreicht. Die Befunde des Vergleichs von Lidocain mit Ajmalin ergeben, daß Ajmalin zuverlässiger bei der Unterbrechung von persistierenden hämodynamisch stabilen Kammertachykardien ist. Neben der besseren Effektivität in bezug auf die Tachykardieterminierung bewirkt die Abnahme der Tachykardiefrequenz unter Ajmalin einen Anstieg des Herzzeitvolumens, der sich auf die Hämodynamik stabilisierend auswirkt. Demzufolge ist Ajmalin besser geeignet als Lidocain für die medikamentöse Notfalltherapie persistierender ventrikulärer Tachykardien.

Literatur

1. Bayes de Luna A, Coumel P, Leclercq JF (1989) Ambulatory sudden cardiac death: Mechanisms of production of fatal arrhythmia on the basis of data from 157 cases. Am Heart J 117:151–159
2. Bigger JT, Mandel WJ (1970) Effect of lidocaine on conduction in canine Purkinje fibers and at the ventricular muscle-Purkinje fiber junction. J Pharmacol Exp Ther 172:239–242
3. Crozier JG, Ikram H, Nicholls MG, Espiner EA, Yandle TG (1987) Atrial natriuretic peptide in spontaneous tachycardias. Br Heart J 58:96–99
4. El Sherif N, Hope RR, Scherlag BJ, Lazzara R (1977) Reentrant ventricular arrhythmias in the late myocardial infarction period. I. Conduction characteristic in the infarction zone. Circulation 55:686–702
5. El Sherif N, Scherlag BJ, Lazzara R, Hope RR (1977) Reentrant ventricular arrhythmias in the late myocardial infarction period. 4. Mechanism of action of lidocaine. Circulation 56:395–402
6. Hamer AW, Rubin FSA, Peter T, Mandel WJ (1984) Factors that predict syncope during ventricular tachycardia in patients. Am Heart J 107:997–1005
7. Harrison D (1978) Should lidocaine be administered routinely to all patients after acute myocardial infarction? Circulation 58:581–584
8. Kleinert HD, Maack T, Atlas SA, Jahnszewicz A, Sealey JE, Laragh JH (1984) Atrial natriuretic factor inhibits angiotensin-, norepinephrine- and potassium-induced vascular contractility. Hypertension [Suppl 1] 6:143–147
9. Lie KI, Wellens HJ, Capelle FJ van, Durrer D (1974) Lidocaine in the prevention of primary ventricular fibrillation. A double-blind randomized study of 212 consecutive patients. N Engl J Med 291:1324–1326

10. Lüderitz B (1989) Hämodynamische Gesichtspunkte bei der Therapie mit Antiarrhythmika. Dtsch Med Wochenschr 114:30–33

11. Lüderitz B, Manz M (1988) Hämodynamik bei ventrikulären Rhythmusstörungen und bei ihrer Behandlung. Z Kardiol [Suppl 5] 77:143–149

12. Manz M, Pfitzner P, Nitsch J, Lüderitz B (1988) Hämodynamische Messungen bei Patienten mit rezidivierenden persistierenden ventrikulären Tachykardien. Z Kardiol 77, Suppl 1:74

13. Saksena S, Ciccone JM, Craelius W, Pantopoulos D, Rothbart ST, Werres R (1984) Studies on left ventricular function during sustained ventricular tachycardia. J Am Coll Cardiol 4:501–508

14. Singh SN, Chen Y, Cohen A, Obeid M, Tracy C, Woosley RL, Fletcher RD (1989) Relation between ventricular function and antiarrhythmic responses to sotalol. Am J Cardiol 943–945

15. Thormann J, Schlepper M (1983) Hämodynamische Auswirkungen kardialer Arrhythmien. In: Lüderitz B (Hrsg) Herzrhythmusstörungen. Springer, Berlin Heidelberg New York, Handbuch der inneren Medizin, Bd 9/1, S 372–421

16. Wilber DJ, Garan H, Finkelstein D, Kelly E, Newell J, McGovern B, Ruskin JN (1988) Out-of-hospital cardiac arrest. Use of electrophysiologic testing in the prediction of long-term outcome. N Engl J Med 318:19–23

17. Tritthart H, Fleckenstein B, Fleckenstein A, Krause H (1968) Frequenzabhängige Einflüsse von antiarrhythmisch wirksamen Substanzen auf die Aufstrichgeschwindigkeit des Aktionspotentials (Versuche an isolierten Meerschweinchenpapillarmuskeln). Pflügers Arch 300: R2–R3

Hämodynamik bei bradykarden Rhythmusstörungen und deren Behandlung

K. Steinbach

Hämodynamische Grundlagen

Die Auswurfleistung des Herzens ist durch die Formel

$$\text{Herzindex} = \frac{\text{Schlagvolumen} \cdot \text{Herzfrequenz}}{\text{Körperoberfläche}}$$

definiert. Die Bestimmung des Schlagvolumens ist mit einer Reihe von nicht-invasiven und invasiven Techniken möglich. Die Höhe des Schlagvolumens wird durch kardiale und extrakardiale Faktoren beeinflußt.

a) *Kardiale Faktoren:*

- Herzfrequenz,
- Kontraktilität,
- Relaxation,
- aktive Vorhofentleerung,
- AV-Leitungsgeschwindigkeit
- AV-Klappenbewegung.

b) *Extrakardiale Faktoren:*

- Vorlast,
- Nachlast.

Die Bradykardie ist somit nur einer von vielen Faktoren, die das Schlagvolumen bestimmen [6]. Dies ist eine der Erklärungen dafür, daß Patienten mit Bradykardie sich hinsichtlich der klinischen Symptomatik voneinander unterscheiden. Für die Indikation zur Schrittmacherimplantation ist diese von entscheidender Bedeutung.

Meßtechnik zur Erfassung des Einflusses der Bradykardie auf die Hämodynamik

Nichtinvasive Verfahren

- Tc-Nuklidventrikulographie,
- Doppler-Sonographie,
- Echokardiographie,
- Impedanzplethysmographie.

Prof. Dr. K. Steinbach, 3. Med. Abteilung mit Kardiologie und Dialysestation, Ludwig-Boltz-mann-Institut für Arrhythmieforschung, Wilhelminenspital, Montleartstr. 37, A-1160 Wien

Zur Messung der Auswurfleistung des Herzens werden derzeit die Tc-Nuklid-ventrikulographie, die Doppler-Sonographie und die Impedanzplethysmo-graphie verwendet [2, 5, 8, 15].

Die Tc-Nuklidventrikulographie erfaßt sowohl die globale als auch regionale Auswurfleistung des linken Ventrikels. Vorteil dieser Technik ist die Anwendbarkeit unter Belastung, Nachteil die geringe Empfindlichkeit [15].

Die Doppler-Sonographie ist eine die Hämodynamik durch Messung des Blutflusses durch die Aortenklappe direkt erfassende diagnostische Methode. Die Genauigkeit der kalkulierten Auswurfleistung ist durch meßtechnische Probleme, insbesondere die Notwendigkeit einer optimalen Transducerpositionierung, eingeschränkt [5]. Erfahrungen zur Wertigkeit dieser Meßtechnik bei Patienten mit bradykarden Rhythmusstörungen unter Belastungsbedingungen liegen nicht vor. Das methodische Problem dieser Meßtechnik besteht darin, daß derzeit nur Aufnahmen vor und unmittelbar nach Belastung durchgeführt werden können. Die Erfassung von Widerstandsänderungen während des Herzzyklus wurde schon in den 60er Jahren versucht. Die Verbesserungen der Elektronik und der Computertechnologie haben diesem Meßprinzip, das hämodynamische Daten indirekt erfaßt, Eingang in die klinische Kardiologie verschafft [2]. Die Übereinstimmung mit invasiv gewonnenen hämodynamischen Parametern der Auswurfleistung wird unterschiedlich beurteilt. Dies ist der Grund dafür, daß diese Meßtechnik derzeit im klinischen Routinebetrieb kaum verwendet wird.

Invasive Verfahren

- Thermodilution,
- Ficksches-Prinzip.

Die Thermodilutionsmethode ist die Methode der Wahl zur invasiven direkten Erfassung der Auswurfleistung des Herzens. Sie ist einfach durchzuführen und liefert bei Kenntnis möglicher Fehlerquellen, v.a. bei inkorrekter Katheterlage, reproduzierbare Ergebnisse. Sie ist auch bei Belastungsuntersuchungen einsetzbar. Die Erfassung der Sauerstoffaufnahme und der arteriovenösen Sauerstoffdifferenz als „semiinvasive" Meßtechnik hat als Alternative durchaus noch ihren Platz. Dagegen ist die blutige und um so mehr die nichtblutige arterielle Druckmessung zur Erfassung des Einflusses der Bradykardie auf die Hämodynamik nicht geeignet.

Meßtechnik zur Erfassung des Einflusses der Schrittmachertherapie auf die Hämodynamik

Die exakte Erfassung der Wirkung der Elektrostimulation, insbesondere der ventrikulären Stimulation, ist unter dem Aspekt der Indikationsstellung zur Schrittmachertherapie und der Auswahl der Stimulationsart von praktischem Interesse. Hierzu sind Thermodilution, Sauerstoffaufnahme, Tc-Nuklidventrikulographie und Doppler-Sonographie geeignet. Die Impedanzplethysmographie ist aus technischen Gründen – der Meßvorgang wird durch den Schrittmacherstimulus beeinflußt – mit den handelsüblichen Geräten nicht geeignet. Dazu sind Geräte mit speziellem Design erforderlich [2]. Beim Karotissinussyndrom können Änderungen des blutig gemessenen arteriellen Drucks den Einfluß verschiedener Stimulationsarten erfassen. Dies ist beim gemischten Typ des Karotissinussyndroms von praktischer Bedeutung [10].

Hämodynamik der Bradykardie

Im Hinblick auf die Indikation zur Schrittmachertherapie ist der Einfluß der Bradykardie auf die Hämodynamik bei körperlicher Ruhe und Belastung getrennt zu diskutieren.

Eine kardiale Dekompensation und/oder Synkope tritt in Ruhe dann ein, wenn das Herzminutenvolumen nicht mehr ausreicht, den venösen Rückstrom zu bewältigen und/oder eine ausreichende arterielle Perfusion des Gehirns aufrechtzuerhalten. Ein exakter Grenzwert, dessen Unterschreiten die klinische Symptomatik auslöst, ist nicht bekannt. Individuelle Schwankungen sind durch die auf S. 118 genannten Faktoren bedingt. Für die Festlegung des Vorgehens bei Patienten mit Bradykardie sind Absolutwerte nicht erforderlich, es richtet sich nach den klinischen Manifestationen [12]. Für die körperliche Leistungsfähigkeit bzw. eine eventuelle Verminderung ist das Ausmaß der Einschränkung des Herzfrequenz- und Schlagvolumenanstiegs entscheidend. Im Normalfall ist eine Steigerung des Schlagvolumens um das 1,5fache, der Herzfrequenz um das 3fache möglich. Für die Leistungsfähigkeit ist das Ausmaß der Steigerbarkeit beider Komponenten des Herzminutenvolumens unter körperlicher Belastung wesentlich [3]. Bei der bradycarden Rhythmusstörung ist die sogenannte chronotrope Einschränkung, d.h. der nichtadäquate Frequenzanstieg unter Belastung, dann von besonderer Bedeutung, wenn auch eine inotrope Einschränkung, d.h. ein verringertes Schlagvolumen, vorliegt [7]. Der Anstieg der Herzfrequenz unter Belastung ist altersabhängig. Das Ausmaß der chronotropen Einschränkung (CE) ist durch die Formel

$$CE = \frac{A - B}{A} \cdot 100$$

charakterisiert, wobei A die altersgemäße Herzfrequenz und B die unter körperlicher Belastung tatsächlich beobachtete Herzfrequenz ist. Das Ausmaß der inotropen Einschränkung hängt von der Grundkrankheit und dem Krankheitsverlauf ab.

Klinische Wertigkeit der Erfassung hämodynamischer Parameter für die Indikation zur Schrittmachertherapie

Die exakte meßtechnische Erfassung hämodynamischer Parameter spielt für die Therapieentscheidung in der täglichen Praxis keine Rolle. Diese orientiert sich an der klinischen Symptomatik und dem Herzfrequenzverhalten. Dies gilt sowohl für Ruhe als auch körperliche Belastung [13].

Einfluß der Schrittmachertherapie auf die Hämodynamik bei Bradykardie

Einfluß der Elektrostimulation

Der positive Effekt der Elektrostimulation ist durch die Anhebung des Herzminutenvolumens als Folge einer höheren Schlagfrequenz gegeben. Die Verbesserung der hämodynamischen Situation hängt wesentlich von der Funktion bzw. dem Ausmaß der Funktionseinschränkung des linken Ventrikels ab. Um die Relevanz der Messung des Effekts der Schrittmachertherapie auf die Hämodynamik zu zeigen, können beispielsweise Patienten mit Vorhofflimmern mit bradykarder Herzfrequenz herangezogen werden. Die Indikationsstellung zur Schrittmachertherapie bei dieser Patientengruppe wird in der Literatur unterschiedlich beurteilt. Die Bestimmung der Änderung des Herzzeitvolumens vor und während externer Stimulation könnte Auskunft über den Effekt der Schrittmachertherapie bei dieser Rhythmusstörung geben. Diese Meßwerte werden in der klinischen Routine nicht erhoben. Studien über den Langzeitverlauf, basierend auf invasiv gewonnenen hämodynamischen Daten, liegen nicht vor.

Die Wertigkeit der Herzfrequenz und des Schlagvolumens als die beiden bestimmenden Größen für die Auswurfleistung sind in Ruhe und während Belastung unterschiedlich zu beurteilen.

a) In Ruhe:
– Bei HF $\geq$ 50/min keine signifikante Steigerung des HZV durch Frequenzanhebung.
– Die Stimulationsfrequenz sollte bei Herzinsuffizienz auf 80/min eingestellt sein.
– Das HZV wird durch ein erhöhtes Schlagvolumen bestimmt.
– Die aktive atriale Entleerung ist wichtig, wenn der linke Vorhof nicht vergrößert und/oder der linke Ventrikel nicht hypertrophiert ist.

b) Während Belastung:
– Frequenzadaptation ist der wichtigste Faktor für HZV-Anstieg.
– Frequenzadaptation kann einen inadäquaten SV-Anstieg kompensieren.
– Aktive Vorhofentleerung bei maximaler Belastung ist der Frequenzadaptation unterlegen.

Einfluß der einzelnen Stimulationsarten

Die Stimulation des rechten Ventrikels (VVI) verbessert die Auswurfleistung
des Herzens durch Anhebung der Schlagfrequenz. Es fehlt die Wiederherstellung der Synchronisation der Vorhof- und Kammerkontraktion. Langzeit-
studien haben gezeigt, daß bei Patienten mit normaler linksventrikulärer
Funktion eine Leistungsfähigkeit entsprechend einem gleich alten Normalkollektiv erreicht werden kann.

Die Zweikammerstimulation ist unter dem hämodynamischen Aspekt der
Einkammerstimulation sicher überlegen [3, 5]. Dafür ist insbesondere bei
Patienten mit Syndrom des kranken Sinusknotens die Vermeidung einer
retrograden ventrikuloatrialen Leitung ein wesentlicher Faktor (vgl. S. 123).
Der Effekt der DDD-Stimulation auf die Hämodynamik ist von der Ventri-
kel- und Vorhoffunktion abhängig. Die maximale Wirkung einer synchronen
Vorhof- und Kammerkontraktion auf die Hämodynamik wurde bei Patienten mit einem Schlagvolumen < 50 ml bei VVI-Stimulation beobachtet. Die
isolierte Vorhofstimulation (AAI) ist in der Wirkung auf die Hämodynamik
der Zweikammerstimulation zumindest gleichwertig. Es gibt Berichte, die
eine Überlegenheit der physiologischen Erregungsausbreitung über das His-
Purkinje-System gegenüber der vom rechten Ventrikel ausgehenden Erregung bei DDD-Stimulation feststellen [1, 14].

Die Zweikammerstimulation ist jedenfalls beim gemischten Typ des Karotissinussyndroms Stimulationsmethode der Wahl [10, 11]. Die Vorhofstimulation wäre vom hämodynamischen Standpunkt aus gleichwertig, ist aber
wegen der Gefahr der AV-Blockierung unter Vaguseinfluß bei diesem Syndrom nicht möglich.

Das Intervall zwischen Vorhof- und Kammerstimulus bei Zweikammer-
schrittmachern beeinflußt die Hämodynamik [2]. Untersuchungen haben unter Ruhebedingungen einen Bereich zwischen 125 und 200 ms als für die
Hämodynamik optimal klassifiziert [4]. Das optimale „av delay" ist dabei
von der Stimulationsfrequenz abhängig [12]. Bei einer höheren Herzfrequenz
nimmt das Herzminutenvolumen mit Verkürzung des av-delays zu.

Wirkung der automatischen Frequenzadaption während körperlicher Belastung

Die Möglichkeit, die Herzfrequenz zu erhöhen, ist entscheidend für die Anpassung des Herzzeitvolumens während körperlicher Belastung. Die Steigerung des Schlagvolumens ist nur in einem wesentlich geringeren Ausmaß
möglich und in ihrer Wirkung auf die Hämodynamik der Frequenzsteigerung
unterlegen. Der positive Effekt auf die Hämodynamik mittels automatischer
Frequenzanpassung im Vergleich zur VVI-Stimulation ist in der Literatur
durch Berichte über eine Steigerung der körperlichen Leistungsfähigkeit belegt [9]. Es ist aber nicht entschieden, ob eine Frequenzanpassung während
körperlicher Belastung vom Standpunkt der Hämodynamik der Erhaltung
der atrioventrikulären Synchronisation überlegen ist. Allerdings schwanken

die Berichte sowohl betreffend das Ausmaß der Leistungssteigerung als auch des Herzfrequenzanstiegs bei implantierbaren Schrittmachersystemen mit automatischer Frequenzanpassung in einem weiten Bereich. Es ist zum gegenwärtigen Zeitpunkt nicht klar, welcher Sensor zur Anpassung der Frequenz unter hämodynamischen Gesichtspunkten am günstigsten ist. Es sollte dies grundsätzlich ein Sensor sein, der das beim Gesunden durch den Sinusknoten vorgegebene Freqeunzverhalten am besten imitiert. Folgende Sensoren für frequenzadaptive Schrittmachersysteme stehen zur Verfügung:

Körper	Herz
Temperatur	*P-Zacke*
Bewegung	Volumen
pH	Druck
pCO$_2$ *pO$_2$*	Kontraktion
Vagus/Sympathicus	*PEP*
Atmung	
Venendruck	

Alle diese Sensoren haben den Nachteil, nicht kontinuierlich auf die Belastungsintensität zu reagieren. Dies bedingt entweder einen inadäquaten Anstieg des Herzzeitvolumens am Beginn der körperlichen Belastung bzw. ein vorzeitiges Plateau vor Erreichen der maximalen Belastung. Daraus ergibt sich die grundsätzliche Frage, ob nicht für den einzelnen Patienten eine seiner körperlichen Aktivität angepaßte Sensorfunktion verwendet werden soll.

Negative Wirkung der Schrittmachertherapie

Das Schrittmachersyndrom ist die klinische Manifestation einer negativen Wirkung der Schrittmachertherapie auf die Herzleistung. Im weiteren Sinn wird das Schrittmachersyndrom wie folgt definiert:

1) Verlust der Vorhof-Kammer-Synchronisation,
2) retrograde Vorhoferregung während der Kammersystole,
3) chronotrope Inkompetenz bei körperlicher Belastung.

Die DDD-Stimulation ist in der Lage, die beiden erstgenannten Ursachen des Schrittmachersyndroms zu vermeiden. Die letztgenannte Ursache erfordert den Einsatz der DDD-R-Stimulation.

Zusammenfassung

Die Auswirkung bradykarder Rhythmusstörungen auf die Hämodynamik des Herzens ist ausreichend untersucht. Für die Entscheidung zur Schrittmachertherapie ist die exakte Beurteilung der Hämodynamik durch nichtinvasive und v.a. invasive Diagnostik kaum von Bedeutung. Sie ist für die

Auswahl der optimalen Stimulationsart in manchen Fällen von klinischer Relevanz. Die exakte Beurteilung der Hämodynamik würde zu einem verstärkten Einsatz von DDD- und AAI-Stimulation führen; derzeit liegt in den meisten Ländern Europas der Prozentsatz sogenannter physiologischer Schrittmacher unter 20 %.

Der Stellenwert der Schrittmacher mit Frequenzadaptation in der klinischen Routine ist derzeit noch nicht exakt abgeklärt. Hämodynamische Untersuchungen wären zur Klärung dieser Frage erforderlich.

Literatur

1. Askenazi J, Alexander SH, Koenigsberg D, Belic N, Lesch M (1984) Alteration of left ventricular performance by left bundle branch block simulated with atrio-ventricular sequential pacing. Am J Cardiol 53:99–106
2. Eugene M, Lascault G, Frank R, Fontaine G, Grosgogeat Y, Teillac A (1989) Assessment of optimal atrio-ventricular delay in DDD paced patients by impedance plethysmography. Eur Heart J 10:250–255
3. Fananapazir L, Bennett DH, Manks P (1983) Atrial synchronized ventricular pacing: contribution of the chronotropic response to improved exercise performance. Pace 6:601–608
4. Haskell RJ, French WJ (1986) Optimal AV interval in dual chamber pacemaker. Pace 9:670–676
5. Iwase M, Sotobata I, Yokota M (1986) Evaluation by pulsed Doppler echocardiography of the atrial contribution to left ventricular filling in patients with DDD pacemakers. Am J Cardiol 58:104–111
6. Karlöf J (1975) Haemodynamic effect of atrial triggered versus fixed rate pacing at rest and during exercise in complete heart block. Acta Med Scand 197:195–206
7. Kristensson BE, Arnman K, Ryden L (1985) The haemodynamic importance of atrio-ventricular synchrony and rate increase at rest and during exercise. Eur Heart J 6:773–778
8. Labovitz AJ, Williams GA, Redd RM (1984) Noninvasive assessment of pacemaker haemodynamics by Doppler echocardiography: importance of left atrial size. J Am Coll Cardiol 54:308–313
9. Nordlander R, Hedman A, Pehrsson SK (1989) Rate responsive pacing and exercise capacity: A comment. PACE 12:749–751
10. Podczeck A, Unger G, Meisl F, Frohner K, Steinbach K (1983) Effect of carotid sinus massage on arterial blood pressure in patients with hypersensitive carotid sinus reflex and syncope. In: Steinbach K (ed) Cardiac pacing. Steinkopff, Darmstadt, pp 937–941
11. Probst P, Mühlberger V, Kaliman J, Pachinger O, Steinbach K, Kaindl F (1983) Electrostimulation in carotid sinus syndrome. PACE 6:689–694
12. Ritter P, Mobo P, Descoves C, Gouffelt J (1989) Haemodynamic benefit of rate-adapted AV delay in dual chamber pacing. Eur Heart J 10:637–646
13. Steinbach K, Frohner K, Meisl F, Podczeck A, Unger G (1985) Die Wirkung der elektrischen Stimulation des Herzens auf die Hämodynamik kritisch kranker Patienten. In: Deutsch E, Kleinberger G (Hrsg) Hämodynamik kritisch kranker Patienten. Schattauer, Stuttgart New York, S 265–270
14. Steinbach K, Frohner K, Meisl F, Podczeck A, Unger G (1985) Atrial stimulation. In: Perez-Gomez F (ed) Cardiac pacing. Grouz, Madrid, pp 629–633
15. Unger G, Bialonczyk C, Frohner K, Leonhartsberger H, Steinbach K (1983) Influence of pacing mode and parameter of left ventricular function measured by Tc-nuclidventriculography. In: Steinbach K (ed) Cardiac pacing. Steinkopff, Darmstadt, pp 241–245

Therapiekontrolle bei antiarrhythmischer Behandlung – hämodynamische Gesichtspunkte

V. Hombach, P. Weismüller, E. Henze, T. Eggeling, U. Mayer, M. Kochs, A. Peper, M. Clausen, W. E. Adam

Einleitung

Auf dem Sektor der medikamentösen Therapie kardialer Erkrankungen gehören zahlenmäßig die Antiarrhythmika zu den häufig verordneten Arzneispezialitäten. Neben allgemeinen Nebenwirkungen auf verschiedene Organsysteme wie die Leber, den Magen-Darm-Trakt oder das zentrale Nervensystem haben antiarrhythmisch wirksame Medikamente durch ihren direkten Effekt am Herzmuskel oder am peripheren Gefäßsystem z. T. recht deutliche hämodynamische Auswirkungen, welche im Einzelfall nur unvollkommen untersucht und in vielen Fällen bei der antiarrhythmischen Dauerbehandlung nicht genügend beachtet werden. Die primäre hämodynamische Wirkung eines Antiarrhythmikums auf das kardiovaskuläre System ist aber nur eine von mehreren Determinanten eines Summationseffekts. Folgende Faktoren kommen bei diesem Summationseffekt in Frage:

1) LV-Funktion: Ausmaß einer evtl. Kontraktionsstörung;
2) Auswirkung der Rhythmusstörung auf die Hämodynamik *per se;*
3) Effizienz autonomer Kompensationsmechanismen;
4) hämodynamisches Profil des Antiarrhythmikums:
   - negative Inotropie,
   - Wirkung auf den peripheren Widerstand (Vasokonstriktion/Vasodilatation),
   - Wirkung auf die Herzfrequenz (Bradykardie),
   - Wirkung auf den arteriellen Blutdruck (Hypotension);
5) Dosis und Applikationsart des Antiarrhythmikums.

Herzrhythmusstörungen insbesondere ventrikulärer Genese stellen in den meisten Fällen keine eigenständige Erkrankung dar, sondern sind die Folge und die Komplikation einer kardialen Grunderkrankung. Hierzu zählen die koronare Herzkrankheit, die verschiedenen Formen der Kardiomyopathien, Herzklappenfehler, das Mitralklappenprolapssyndrom oder die arrhythmogene rechtsventrikuläre Dysplasie. Das Ausmaß einer linksventrikulären Funktionsstörung ist nicht nur eine wesentliche Ursache für das Ingangkommen potentiell maligner Herzrhythmusstörungen [1], sondern bestimmt auch entscheidend den Grad der negativ inotropen Wirksamkeit von Antiarrhythmika sowohl in der Akutbehandlung durch intravenöse Applikation, als

Prof. Dr. V. Hombach, Abteilung Innere Medizin IV, Med. Univ.-Klinik Ulm und Poliklinik, Robert-Koch-Str. 8, 7900 Ulm

auch in der chronischen peroralen Dauerbehandlung [18, 26, 42, 43, 48]. Es besteht die prinzipielle Erfahrung, daß intravenös verabreichte Antiarrhythmika einen stärkeren negativ-inotropen Effekt auf die linksventrikuläre Kontraktion haben als chronisch oral verabreichte Substanzen, darüber hinaus wird die Wirkung der Antiarrhythmika um so ausgeprägter sein, je schlechter die linksventrikuläre Pumpleistung ist [18]. Autonome Kompensationsmechanismen wirken modifizierend auf diese Beziehung ein. Eine chronische Vasokonstriktion zusammen mit einer gesteigerten Renin- und Aldosteronsekretion ist als Kompensationsmechanismus für eine chronische Pumpleistungsschwäche des Herzens aufzufassen; über diese Mechanismen kann über längere Zeit ein labiles Gleichgewicht der Hämodynamik aufrechterhalten werden [10, 24]. In diesen Regulationsmechanismus können bestimmte Antiarrhythmika eingreifen, welche neben ihrer primär kardialen auch noch Wirkungen auf die peripheren Widerstandsgefäße entfalten. So sind primär vaskonstringierende wie auch vasodilatatorische Eigenschaften bestimmter Antiarrhythmika bekannt geworden, welche über eine Änderung der Nachlast direkt die linksventrikuläre Pumpfunktion bestimmen können (Verschlechterung durch Erhöhung der Nachlast infolge Vasokonstriktion, Verbesserung der Funktion durch Senkung der Nachlast infolge Vasodilatation). Schließlich spielen auch noch die Dosis und die Applikationsart des verwendeten Antiarrhythmikums eine modifizierende Rolle hinsichtlich der hämodynamischen Wirksamkeit.

Die beschriebenen, z. T. sich gegenseitig kompensierenden, z. T. auch kombinierenden Effekte der genannten Faktoren sind in der Regel nicht isoliert darstellbar und untersuchbar, sondern durch die recht groben klinischen Untersuchungsmethoden der Hämodynamik wird summarisch der Nettoeffekt erfaßt [43]. Nur durch aufwendigere Katheterverfahren oder durch Kombination verschiedener Untersuchungsverfahren, z. B. der Radionuklidventrikulographie und der Einschwemmkatheteruntersuchung, können Änderungen der einzelnen hämodynamisch wirksamen Faktoren unter einer antiarrhythmischen Therapie erfaßt werden. Bezüglich des Einsatzes der verschiedenen Methoden für die Überwachung eines Patienten, der unter einer antiarrhythmischen Medikation steht, spielt eine wesentliche Rolle, ob eine routinemäßige klinische Überwachung angestrebt oder der Patient im Rahmen einer wissenschaftlichen Studie untersucht wird.

Hämodynamische Parameter zur Beurteilung einer Beeinflussung durch antiarrhythmisch wirksame Medikamente

Anamnestische Daten und klinische Untersuchungen bezüglich hämodynamischer Nebenwirkungen von Antiarrhythmika scheinen in der Beurteilung der hämodynamischen Relevanz außerordentlich eingeschränkt zu sein. Die mangelnde Sensitivität dieser klinischen Methoden und darüber hinaus möglicherweise auch die mangelnde Aufmerksamkeit der behandelnden Ärzte hinsichtlich hämodynamischer Nebenwirkungen von Antiarrhythmika wird durch eine Übersicht über die Meldungen an die Arzneimittelkommission der

Deutschen Ärzteschaft von 1971–1987 über unerwünschte hämodynamische Wirkungen belegt [26]. Für insgesamt 9 Wirkstoffgruppen (Chinidin, Mexiletin, Flecainid, Propafenon, β-Blocker inklusive Sotalol, Amiodaron, Sotalol, Verapamil) wurden bezüglich unerwünschter hämodynamischer Wirkungen wie Lungenödem, Rechtsherzinsuffizienz, Linksherzinsuffizienz, Dyspnoe, „Kreislaufschwäche" und Hypotension Meldungen über insgesamt 108 Patienten für den Zeitraum von 16 Jahren gemacht. In dieses Meldeverhalten gehen sicherlich zahlreiche Faktoren wie subjektive und objektive Einschätzung der Kreislaufsituation des einzelnen Patienten, Nichterkennen leichtergradiger negativer Auswirkungen von Antiarrhythmika, Sorgfalt der Indikationsstellung und Therapiekontrolle etc. ein [26]. Deshalb kann eine gezielte anamnestische Befragung der Patienten und die rein klinische Untersuchung kein Ersatz für weitergehende objektive Untersuchungsmethoden der Kreislaufwirksamkeit von Antiarrhythmika sein, dennoch gehört die klinische Untersuchung obligat zur Therapieüberwachung von Patienten unter antiarrhythmischer Therapie. Bei sorgfältiger klinischer Überwachung der Patienten ergeben die Untersuchungsbefunde rechtzeitig Hinweise auf eine sich anbahnende Verschlechterung der Hämodynamik, so daß diese dann mit weiteren nichtinvasiven und notfalls auch mit invasiven Untersuchungsmethoden verifiziert werden kann.

Prinzipiell gibt es verschiedene nichtinvasive (Echokardiogramm, Radionuklidventrikulogramm), semiinvasive (Einschwemmkatheteruntersuchung ohne/mit HZV-Messung) und invasive (Herzkatheteruntersuchung mit ausführlicher Hämodynamik und Ventrikulographie) Methoden, welche zur Bestimmung von ventrikulären geometrischen und Pumpparametern, mechanischen Parametern und globalen hämodynamischen Parametern geeignet sind. In der folgenden Übersicht sind nur diejenigen Parameter berücksichtigt, welche bisher in der Literatur zur Beurteilung der hämodynamischen Auswirkungen von Antiarrhythmika benutzt wurden:

1) *geometrische und Pumpparameter des linken Ventrikels:*
   - EDV, ESV, SV, EF (HK, RNV, Echo),
   - HZV, C.I. (HK),
   - LV-Arbeit im Druck-Volumen-Diagramm (HK),
   - „fractional shortening" (= FS; Echo);

2) *mechanische (Kontraktilitäts)parameter:*
   - LV-dp/dt$_{max}$ (HK) und abgeleitete Größen,
   - Steilheit der endsystolischen Druck-Volumen-Beziehung (HK)
   - Ejektionsparameter VcF (HK, Echo);

3) *globale hämodynamische Parameter:*
   - Herzfrequenz (Puls, EKG),   – arterieller Druck (HK, RR),
   - Füllungsdruck (HK),   – HZV, C.I. (HK),
   - Pulmonalarteriendruck (HK),   – Kreislaufwiderstände.

Abkürzungen: EDV enddiastolisches Volumen, *ESV* endsystolisches Volumen, *SV* Schlagvolumen, *EF* Ejektionsfraktion, *HK* Herzkatheter, *RNV* Radionuklidventrikulogramm, *HZV* Herzzeitvolumen, *C.I.* „cardiac index", *LV* Linksventrikulogramm, *Echo* Echokardiogramm, *RR* Blutdruck nach Riva-Rocci.

Unter den geometrischen Parametern sind enddiastolisches, endsystolisches Volumen und Schlagvolumen sowie die Ejektionsfraktion im Lävokardio-gramm, im Echokardiogramm und besonders vorteilhaft im Radionuklid-ventrikulogramm bestimmbar. Die letztere Methode hat darüber hinaus den Vorteil, daß die Ejektionsfraktion nicht nur in Ruhe, sondern auch unter körperlicher Belastung bestimmt werden kann. Genauere Aufschlüsse über das Pumpverhalten lassen sich invasiv durch fortlaufende Registrierungen von Druckvolumen-Schleifen erhalten [22, 48, 49]. Mit dieser Methode kön-nen auch negativ-inotrope Effekte von Antiarrhythmika anhand der endsy-stolischen Druck-Volumen-Beziehung bestimmt werden [49]. Ein relativ leicht bestimmbarer Pumpparameter ist die „fractional shortening" (FS), welche im eindimensionalen Echokardiogramm zumindest für intraindivi-duelle Verlaufskontrollen benutzt werden kann. Kontraktilitätsparameter in Form der maximalen linksventrikulären Verkürzungsgeschwindigkeit und abgeleitete Größen sind zunächst von eher theoretischem Interesse, weil hier-mit in der Regel negativ-inotrope Wirkungen von Antiarrhythmika nur im Akutversuch im Herzkatheterlabor oder experimentell in Tierversuchen ge-messen werden können. Ein auch nicht-invasiv im Echokardiogramm relativ leicht erfaßbarer Ejektionsparameter ist die zirkumferentielle Faserverkür-zungsgeschwindigkeit (VcF), welche für die Verlaufskontrolle der Kontrakti-lität herangezogen werden kann.

Über die genannten Parameter zur Beurteilung der linksventrikulären Pumpfunktion hinaus ist die Messung der globalen Hämodynamik durch das semiinvasive Verfahren des Einschwemmkatheters auch für die Langzeitkon-trolle der Hämodynamik unter Antiarrhythmika unter praktischen, aber besonders wissenschaftlichen Gesichtspunkten von großer Bedeutung. Hier-durch können auch die Effekte von Antiarrhythmika auf die Nachlast (peri-pherer Gefäßwiderstand), die Pumpleistung und die Füllungsdrücke der bei-den Herzkammern bestimmt werden. Eine ausgezeichnete quasi „nichtinva-sive" Untersuchungsmethode zur Bestimmung der linksventrikulären Pumpfunktion und der Hämodynamik stellt die Kombination von Ein-schwemmkatheter und Radionuklidventrikulographie dar [55, 56], weil hier-mit alle wesentlichen Parameter gewonnen werden können, welche eine exakte und objektivierbare Einschätzung der hämodynamischen Wirksam-keit von Antiarrhythmika erlauben.

Mit den verschiedenen Methoden sind bisher eine Reihe von Untersu-chungen über die Wirkung intravenös und chronisch peroral verabreichter Antiarrhythmika mitgeteilt worden. Mittels Echokardiographie wurde unter Akutgabe von Disopyramid eine Verminderung der FS um 12–43 % gefun-den sowie eine Verminderung der VcF um 31–36 % [1, 29, 34]. Unter oraler Dauermedikation wurde von einer Untersuchergruppe eine Verminderung der prozentualen systolischen Durchmesserverkürzung von 32 % und der VcF um 18 % bei gesunden Probanden berichtet [1]. Bei Patienten, welche unter einer antiarrhythmischen Dauertherapie mit Disopyramid standen, wurde eine Verminderung der systolischen Durchmesserverkürzung von 5–20 % gefunden [8, 9, 50, 54]. In klinischen Vergleichsstudien zur negativen Inotropie fand sich im Echokardiogramm anhand der systolischen Faserverkürzung in der überwiegenden Anzahl der Studien das schlechteste hämodynamische Ergebnis unter Disopyramid, verglichen mit Mexiletin und Propafenon [2, 3, 8, 9, 54]. Die Langzeitwirkung von Tocainid wurde mit dem Echokardiogramm nur in wenigen Studien untersucht. Hierbei fand sich eine Verminderung der systolischen Durchmesserverkürzung von 11 % [54] sowie eine nichtsignifikante Verminderung der VcF um 1 % [37]. Flecainid bewirkte im Ultraschall eine Verschlechterung der Ventrikelfunktion, gemessen an der VcF [21]. Für Propafenon liegen auch echokardiographische Kontrollen unter Langzeittherapie vor, wobei ebenfalls mäßiggradige Verschlechterungen der Ventrikelfunktion, gemessen an der systolischen Faserverkürzungsfraktion (Abnahme um 8–14 %), gefunden wurden [2, 3, 38].

Die meisten hämodynamischen Untersuchungen unter antiarrhythmischer Therapie wurden mit Hilfe der Radionuklidventrikulographie zur Bestimmung der globalen linksventrikulären Ejektionsfraktion durchgeführt. Hierunter konnte eine Verminderung der Ejektionsfraktion unter oraler Therapie mit Chinidin von 2 % [57], unter Procainamid von 3 % und unter Disopyramid von 8 % gefunden werden [57]. Die stärkste Verschlechterung der linksventrikulären Ejektionsfraktion scheint unter Disopyramid aufzutreten; so wurden Reduktionen der Ejektionsfraktion im Radionuklidventrikulogramm von um 18 % unter Belastung bzw. um 15 % unter Ruhebedingungen beschrieben [16, 17, 19]. Demgegenüber wurde keine wesentliche Beeinflussung der linksventrikulären Ejektionsfraktion im RNV unter Mexiletin gefunden [39, 46]. Für Flecainid wurde unter oraler Dauertherapie eine Reduktion der Ejektionsfraktion um knapp 10 % beschrieben [27]. Zu Propafenon liegen mehreren Langzeituntersuchungen mit RNV vor. Hierbei konnte entweder keine [11] oder eine nur geringfügige Senkung der linksventrikulären Ejektionsfraktion um 3–8 % [4, 5] gefunden werden.

In einer eigenen bisher noch nicht veröffentlichten Studie konnte an einem Patientenkollektiv von 21 Patienten mit kardialer Grunderkrankung und therapiepflichtigen ventrikulären Arrhythmien der Langzeiteffekt von 600–900 mg Propafenon auf Rhythmusverhalten und linksventrikuläre Pumpfunktion, gemessen an der Ejektionsfraktion im Radionuklidventrikulogramm, untersucht werden. Kriterien für einen Therapieerfolg waren eine 80%ige Reduktion singulärer ventrikulärer Extrasystolen, eine 90%ige Reduktion von ventrikulären Couplets sowie eine komplette Beseitigung ventrikulärer Salven. Anhand dieser Kriterien wurden folgende Erfolgsquoten erzielt:

singuläre Extrasystolen:	5/21 Patienten (24%),
ventrikuläre Couplets:	9/20 Patienten (45%),
ventrikuläre Salven/VT:	9/15 Patienten (60%),
singuläre VES + Couplets:	2/5 Patienten (40%),
singuläre VES + Couplets + Salven:	3/15 Patienten (20%).

Im Radionuklidventrikulogramm zeigte sich lediglich bei der Akuttestung unter 1 mg Propafenon/kg KG i.v. eine signifikante Senkung der linksventrikulären Ejektionsfraktion in Ruhe um 6,8 % und unter Belastung von 0,2 % (n.s.). Unter chronisch oraler Dauertherapie konnte weder unter Ruhe noch

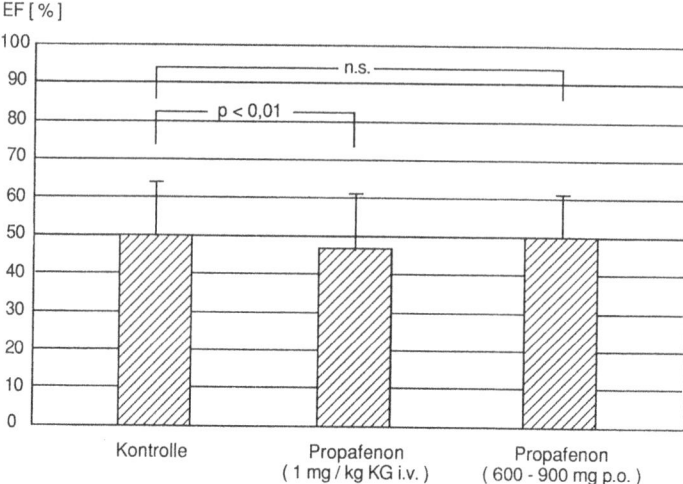

Abb. 1. Ejektionsfraktion bei 20 Patienten mit kardialer Grunderkrankung und therapiepflichtigen ventrikulären Arrhythmien. Signifikanter Abfall der Ejektionsfraktion von $50 \pm 13\%$ auf $47 \pm 14\%$ unter intravenöser Gabe von Propafenon. Unter peroraler Dauertherapie nicht signifikante Änderung der Ejektionsfraktion mit $50 \pm 10\%$

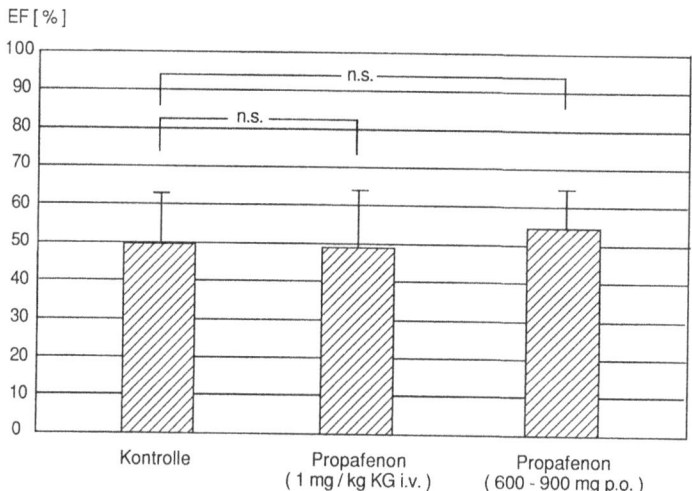

Abb. 2. Dasselbe Patientenkollektiv wie in Abbildung 1, Ejektionsfraktion unter körperlicher Belastung. Kein signifikanter Unterschied in der Ejektionsfraktion unter intravenöser oder peroraler Gabe von Propafenon: Kontrolle: $49,6 \pm 12\%$, Propafenon i.v.: $49,4 \pm 14\%$, orale Dauertherapie mit Propafenon: $53 \pm 11\%$

unter Belastungsbedingungen eine signifikante Reduktion der Ejektionsfraktion im RNV gemessen werden (Abb. 1 und 2).

Zu Prajmaliumbitartrat liegen keine Untersuchungen über dessen Beeinflussung der Ejektionsfraktion im RNV vor. Im Gegensatz zu den eben beschriebenen Substanzen ergab sich unter Amiodaron in den meisten Studien keine wesentliche Verschlechterung der Ejektionsfraktion im RNV, zumindest unter oraler Dauertherapie [14, 20, 31, 32, 47], während in 2 Studien sogar eine Verbesserung der linksventrikulären Ejektionsfraktion von rund 8 % bzw. 26 % beschrieben wurde [40, 41, 51, 52].

Bezüglich der globalen peripheren Hämodynamik für die einzelnen Antiarrhythmika kann festgehalten werden, daß der periphere Gefäßwiderstand unter akuter i. v.-Gabe von Disopyramid um 10–60 % ansteigen kann, wie in zahlreichen hämodynamischen Untersuchungen nachgewiesen werden konnte [6, 12, 28, 35, 53], während über das Verhalten des systemischen Gefäßwiderstandes unter oraler Therapie keine Untersuchung vorliegt. Auch Mexiletin kann unter i. v.-Gabe einen Anstieg des peripheren Gefäßwiderstandes bewirken, welcher wahrscheinlich durch eine Reduktion des Herzminutenvolumens bedingt ist. Auch hier ist über das Verhalten des Gefäßwiderstandes unter chronisch-oraler Therapie wenig bekannt. Tocainid kann ebenfalls den peripheren Gefäßwiderstand unter i.v.-Gabe um 10–13 % erhöhen, während unter oraler Dauertherapie unter einer Kombination mit Metoprolol eine Verminderung des systemischen Gefäßwiderstandes beobachtet wurde [36]. Während unter i. v.-Gabe von Propafenon der systemische Gefäßwiderstand ebenfalls um 15–26 % ansteigen kann, abhängig von der kardialen Grundkrankheit [25, 44], reagiert der systemische Gefäßwiderstand unter intravenöser Gabe von Amidoron aber nicht gerichtet [7, 30, 31, 32]. So wurde sowohl über einen Anstieg als auch über einen Abfall des Gefäßwiderstandes um bis zu 34 % berichtet [13, 23, 45]. Unter oraler Dauertherapie mit Amiodaron scheint der systemische Gefäßwiderstand dauerhaft abgesenkt zu sein [31, 32].

Zusammenfassend kann festgehalten werden, daß die hämodynamischen Gesamteffekte relativ geringfügig bei den Substanzen Amiodaron, Chinidin, Lidocain, Mexiletin und Tocainid sind, daß sie mäßig ausgeprägt sind bei Diprafenon, Flecainid, Prajmalin und Propafenon, daß jedoch deutlich negative Gesamteffekte unter Disopyramid und Sotalol zu erwarten sind [43]. Eine Übersicht über die qualitativen Veränderungen wesentlicher hämodynamischer Größen unter Therapie mit Antiarrhythmika gibt Tabelle 1.

Randbedingungen der hämodynamischen Wirksamkeit von Antiarrhythmika

Zusätzliche Informationen über die hämodynamische Wirksamkeit von Antiarrhythmika können das Verhalten von Herzfrequenz und Blutdruck unter Ruhe und Belastungsbedingungen geben, darüber hinaus ist die Überwachung des spontanen Arrhythmieverhaltens von außerordentlicher Bedeutung. Durch eine allzu starke bradykardisierende Wirkung von Antiarrhythmika kann die Ventrikelfunktion infolge Überdehnung und konsekutiv erhöhtem Schlagvolumen verschlechtert werden. Ein inadäquater Anstieg des Blutdrucks unter ergometrischer Belastung kann eine deutlich negativ inotrope Wirkung mit Verschlechterung einer schon eingangs eingeschränkten

Tabelle 1. Hämodynamisches Profil verschiedener Antiarrhythmika

Substanz		Kontraktilität des Myokards	Gefäßwiderstand	HZV	Blutdruck
Chinidin	i.v.	⇓	⬇	↓↔↑	⇓
	p.o.	↓↔	↓↔	↔	↓↔
Procainamid	i.v.	↓	⇓	↔	⇓
	p.o.	↓	↓	↔	↔
Disopyramid	i.v.	⬇	⬆	⇓	↓↔↑
	p.o.	⬇	⇑	⇓	↑↔
Lidocain		↔	↔	↔	↔
Mexiletin	i.v.	↓	↓↔↑	↓↔↑	↔
	p.o.	↓↔	?	↓	↔
Tocainid	i.v.	↓	⇑	⇓	↓↔↑
	p.o.	↓↔	↑↔	↔	↔
Flecainid	i.v.	⇓	⇑	⇓	↓↔
	p.o.	↓↔	?	↓↔↑	↔
Propafenon	i.v.	⇓	⇑	↓	↓↔
	p.o.	↓	↓↔	↓↔	↓↔
Lorcainid		↓	↓	↓	↓
Encainid	i.v.	↓	⇑	↓	↓↔
	p.o.	↔	↔	↔	↔
Prajmalin	i.v.	↓	?	↓↔	↓
	p.o.	↓↔	↓↔	↓↔	↓
Amiodaron	i.v.	⇓	⇑↔⇓	↓↑	↓↔
	p.o.	↑↔	↓	↓↔	↓↔
Sotalol		⇓	↑	↓	⇓
Verapamil		⇓	⇓	↓↔↑	⇓
Diltiazem		↓	↓	↑↔	↓
Phenytoin		↓	↓	↔	↓
Diprafenon		⇓	⇑	↓	⇓

↔ unverändert; ↑ mäßige, ⇑ stärkergradige, ⬆ sehr ausgeprägte Erhöhung; ↓ mäßige, ⇓ stärkergradige, ⬇ sehr ausgeprägte Erniedrigung

linksventrikulären Pumpleistung anzeigen. Umgekehrt zwingt ein unter Ruhe und besonders unter Belastungsbedingungen auftretender arterieller Hypertonus zu einer entsprechenden antihypertensiven Behandlung, weil unter antiarrhythmischer Dauertherapie eine Kombination aus Erhöhung der Vorlast (durch das Antiarrhythmikum) und Erhöhung der Nachlast (durch den arteriellen Hypertonus) zu einer Verschlechterung der Ventrikelfunktion und konsekutiv zur Aggravation des Arrhythmieprofils führen kann. Darüber hinaus ist durch elektrokardiographische Kontrollen im Ruhe-EKG, Belastungs-EKG und besonders im Langzeit-EKG auf eine Aggravation einer bestehenden Rhythmusstörung durch das Antiarrhythmikum zu achten, da durch eine Zunahme der Häufigkeit insbesondere ventrikulärer Arrhythmien oder eine Bradykardie die Pumpleistung dauerhaft verschlechtert werden kann. Ein arrhythmogenes Substrat auf Ventrikelebene kann

sowohl über eine Vermehrung der ventrikulären Arrhythmien, als auch über eine Verstärkung der linksventrikulären Wandspannung in Verbindung mit Einflüssen von seiten des autonomen Nervensystems und/oder das Auftreten einer Ischämie für das Ingangkommen eines Reentrykreises konditioniert werden, so daß sogar Kammertachykardien initiiert werden können (Abb. 3). In diesem Sinne muß frühzeitig nach einer Aggravation einer bestehenden Arrhythmie unter Antiarrhythmika gefahndet werden. Hinweise hierfür sind eine Verschlechterung der bestehenden Arrhythmie, das Auftreten neuer Arrhythmien sowie das Auftreten von Bradyarrhythmien [33]. Eine Rhythmusstörung kann unter einer antiarrhythmischen Therapie durch folgende Faktoren aggraviert werden:
- Verschlechterung einer bestehenden Arrhythmie:
    Zunahme der Zahl einfacher oder repetitiver Formen ventrikulärer Extrasystolen (Couplets, VT),
    Umschlagen einer nichtanhaltenden in eine anhaltende Tachykardie,
    SVT oder VT mit höherer Frequenz, längerer Dauer oder häufigerem Auftreten,
    SVT oder VT schlechter oder gar nicht mehr zu unterbrechen (Incessantform, Dauertachykardie);
- Auftreten neuer Arrhythmien:
    anhaltend monomorphe VT,
    polymorphe VT,
    Torsade-des-pointes-Tachykardie,
    Kammerflimmern,
    SVT;
- Bradyarrhythmien
    Sinusstillstand, SA-Block,
    AV-Block.

Konsequenzen für die Überwachung des Patienten unter antiarrhythmischer Dauertherapie

Art, Intensität und Einsatz der verschiedenen diagnostischen Methoden bei der Überwachung möglicher hämodynamischer Konsequenzen von Antiarrhythmika hängen davon ab, ob ein Patient routinemäßig überwacht oder im Rahmen einer wissenschaftlichen Studie betreut wird (Tabelle 2). In beiden Fällen ist eine gezielte Anamneseerhebung und gründliche klinische Untersuchung, verbunden mit der Registrierung eines Ruhe-EKG und eines Belastungs-EKG, obligatorisch. Zu Beginn einer antiarrhythmischen Therapie müssen diese Untersuchungen in kurzen Abständen (Tage bis Wochen) erfolgen. Verträgt der Patient die Medikation, so können die Kontrollintervalle auf 4–6 Monate ausgedehnt werden. In jedem Falle sollte in regelmäßigen Abständen, mindestens in halbjährlichen Kontrollen, ein Echokardiogramm

---

Abkürzungen: VT ventrikuläre Tachykardie, *SVT* supraventrikuläre Tachykardie.

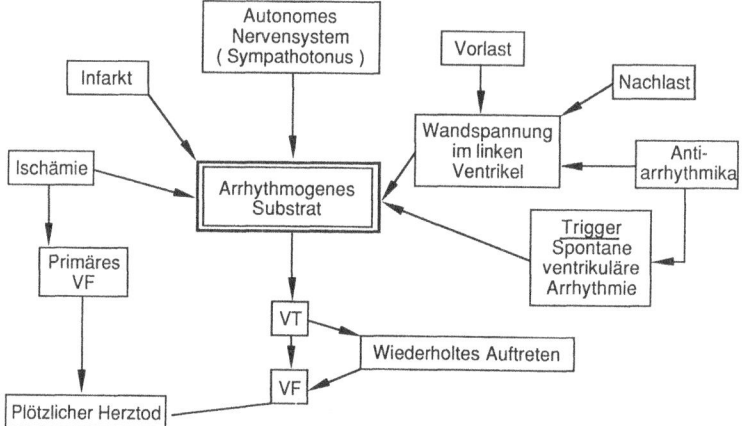

Abb. 3. Pathophysiologische Abläufe beim plötzlichen Herztod. Ein arrhythmogenes Substrat kann durch eine Vielzahl von Faktoren (Ischämie, Infarkt, autonome Imbalanz, erhöhte linksventrikuläre Wandspannung und durch spontane ventrikuläre Arrhythmien als Trigger) für das Ingangkommen eines Reentrykreises konditioniert werden. Dadurch können einzelne Reentryektopien oder Tachykardien ausgelöst werden. Auf Kammerebene kann so über eine Kammertachykardie ein Kammerflimmern entstehen, welches im plötzlichen Herztod enden kann. Andererseits kann auf Kammerebene durch schwere Ischämien primäres Kammerflimmern ausgelöst werden, welches ebenfalls zum plötzlichen Herztod führt. *VT* ventrikuläre Tachykardie, *VF* Kammerflimmern

Tabelle 2. Einsatz verschiedener Methoden zur hämodynamischen Überwachung von Patienten unter Langzeitbehandlung mit Antiarrhythmika. + obligat, (+) fakultativ, −nicht indiziert, [Nach 26, 42, 43, 48]

Methode	Routineüberwachung	Wissenschaftliche Studie
Anamnese	+	+
Klinische Untersuchung	+	+
Thoraxröntgen	(+)	(+)
EKG und Langzeit-EKG	+	+
Echokardiogramm	+	(+)
Radionuklidventrikulogramm	(+)	+
Einschwemmkatheter	(+)	+
Links-/Rechtskatheter	−	+

(eindimensional und zweidimensional) registriert werden, damit wenigstens semiquantitativ eine Verschlechterung der Ventrikelfunktion frühzeitig erkannt werden kann. Für die Routineüberwachung kommen Radionuklidventrikulogramm und Einschwemmkatheteruntersuchung nur in speziellen Fällen in Frage, während die beiden genannten Verfahren für die exakte Untersuchung der hämodynamischen Langzeitwirkung von Antiarrhythmika unter Studienbedingungen unverzichtbar sind. Eine Kombination von Radionuklidventrikulogramm und gleichzeitig durchgeführtem Einschwemmkatheter hat den großen Vorteil, daß eine umfassende Information über die linksventrikuläre Pumpfunktion und die periphere Hämodynamik gewonnen werden kann, während beide Methoden für den Patienten relativ wenig belästigend sind. Ein gelegentlicher Einsatz beider Methoden kommt auch bei der routinemäßigen Überwachung von Patienten in Frage, wenn

1) Patienten mit schlechter linksventrikulärer Pumpfunktion (Ejektionsfraktion unter 30 %) und prognostisch ungünstigen ventrikulären Arrhythmien behandelt werden,
2) eine Verschlechterung der Grundkrankheit und/oder des Arrhythmieprofils zu erwarten ist,
3) aus therapeutischen und prognostischen Gründen eine Kombinationsbehandlung mit zwei negativ-inotrop wirksamen Pharmaka bzw. Antiarrhythmika durchgeführt werden muß.

Eine invasive Untersuchung mittels Rechts- und Linksherzkatheter und Angiographie bleibt selbstverständlich nur wissenschaftlichen Fragestellungen vorbehalten und sollte nur gezielt eingesetzt werden, besonders dann, wenn das hämodynamische Profil neuer Antiarrhythmika beim Patienten untersucht werden muß.

Zusammenfassung

Folgende therapeutische Aspekte sind bei der Langzeitanwendung von Antiarrhythmika unter hämodynamischen Gesichtspunkten zu berücksichtigen:

1) Indikation, Auswahl:
 - strenge Indikationsstellung,
 - Auswahl des Antiarrhythmikums unter Kriterien des erwartbaren Erfolges und nach Schweregrad einer evtl. linksventrikulären Funktionsstörung;
2) supportive Therapie bei zunehmender Insuffizienz des linken Ventrikels:
 - Digitalisierung, Diuretika,
 - Vorlast-/Nachlastsenker;
3) Aggravation einer bestehenden Arrhythmie:
 - frühzeitige Erkennung,
 - Absetzen/Wechsel des Antiarrhythmikums,
 - Implantation eines Schrittmachers bei Bradykardien;
4) frühzeitige Alternativen zur antiarrhythmischen Therapie:
 - Katheterablation,
 - Defibrillator,
 - Rhythmuschirurgie,
 - Herztransplantation.

Vor dem Hintergrund der relativ engen therapeutischen Breite von Antiarrhythmika insbesondere im Hinblick auf ihre negativen hämodynamischen

Auswirkungen, der möglichen Aggravation einer Arrhythmie unter antiarrhythmischer Medikation und der nicht absolut sicheren Überprüfbarkeit der Wirksamkeit eines Antiarrhythmikums speziell im Hinblick auf die Minderung des Risikos für einen plötzlichen Herztod müssen Einsatz, Wahl des Antiarrhythmikums und Dosierung der Substanz kritisch geprüft werden. Unter Umständen muß frühzeitig auf ein anderes Antiarrhythmikum gewechselt bzw. die antiarrhythmische Therapie abgebrochen werden. Hierbei ist grundsätzlich festzuhalten, daß die Indikation zur antiarrhythmischen Behandlung sehr streng gestellt werden muß (nur bei symptomatischen Arrhythmien, nur bei hämodynamischer Beeinträchtigung und/oder nur bei prognostisch relevanten Arrhythmien). Darüber hinaus müssen Typ und Dosis des Antiarrhythmikums unter den Kriterien eines zu erwartenden Therapieerfolges und entsprechend dem Schweregrad einer linksventrikulären Pumpfunktionsstörung ausgewählt werden. Bei zunehmender linksventrikulärer Pumpinsuffizienz und absoluter Notwendigkeit der antiarrhythmischen Therapie muß eine frühzeitige supportive Therapie mit Digitalis, Diuretika und Vasodilatanzien erfolgen. Eine sich entwickelnde Aggravation einer bestehenden Arrhythmie muß frühzeitig erkannt und durch Absetzen bzw. Wechsel des antiarrhythmisch wirksamen Medikamentes coupiert werden. Bei schwerwiegenden Bradykardien kann in Einzelfällen die Implantation eines Schrittmachers erwogen werden, wenn auf das Antiarrhythmikum aus prognostischen Gründen nicht verzichtet werden kann. Darüber hinaus ist frühzeitig auch an Alternativen zur medikamentösen antiarrhythmischen Therapie bei schweren Nebenwirkungen oder hämodynamischen Verschlechterungen zu denken. Zu diesen alternativen Therapiemethoden gehören die Katheterablation, die Implantation eines automatischen Cardioverterdefibrillators (AICD), die Durchführung spezieller rhythmuschirurgischer Maßnahmen sowie in Einzelfällen auch die Durchführung einer Herztransplantation besonders bei jungen Patienten mit schlechter linksventrikulärer Pumpfunktion und lebensbedrohlichen ventrikulären Tachyarrhythmien.

Bei kritischer Indikationsstellung, sorgfältiger Überwachung der hämodynamischen Auswirkung des Antiarrhythmikums und des spontanen Verhaltens der behandelten Arrhythmie und Nachfolgeuntersuchungen in vernünftigen Intervallen dürfte jedoch eine indizierte antiarrhythmische Therapie bei einem Großteil der Patienten sicher durchzuführen sein. Bei der Vielzahl der behandlungsbedürftigen Patienten mit Herzrhythmusstörungen und wegen den aufwendigen und z. T. sehr teuren Alternativtherapien haben die antiarrhythmisch wirksamen Medikamente nach wie vor ihren wesentlichen Platz in der Langzeitbehandlung von Herzrhythmusstörungen.

Literatur

1. Angermann C, Autenrieth G (1981) Die Wirkung von Disopyramid auf die linksventrikuläre Funktion: Eine echokardiographische Untersuchung von Ausmaß und zeitlichem Verlauf. Klin Wochenschr 59:803–811
2. Angermann C, Jahrmärker H (1983) Vergleichende Untersuchungen zur kardiopressorischen Wirkung von Disopyramid, Mexiletin und Propafenon. Z Kardiol 72:665–674

3. Angermann C, Autenrieth G, König A, Jahrmärker H (1981) Linksventrikuläre Funktion nach intravenöser und oraler Gabe von Disopyramid, Mexiletin und Propafenon. Z Kardiol 70:295 (abstract)
4. Baker BJ, Dingh H, Murphy ML, Boyd CM, Franciosa JA (1983) Long term effects of propafenone on left ventricular ejection fraction. Clin Res 31:819 A
5. Baker BJ, Dingh H, Kroskey D, De Soyza ND, Murphy ML, Franciosa JA (1984) Effect of propafenone on left ventricular ejection fraction. Am J Cardiol 54:20D–22D
6. Befeler B (1975) The hemodynamic effects of norpace (part I). Angiology 26:99–101
7. Bellotti G, Silva LA, Filho AF, Rati M, de Moraes AV, Ramires JA, Luz P, Pileggi F (1983) Hemodynamic effects of intravenous administration of amiodarone in congestive heart failure from Chagas' disease. Am J Cardiol 52:1046–1049
8. Böcker K, Köhler E, Seipel L, Loogen F (1981) Die Wirkung von Disopyramide, Mexiletin und Propafenon auf die linksventrikuläre Funktion im M-Mode Echokardiogramm. Z Kardiol 70:295
9. Böcker K, Köhler E, Seipel L, Loogen F (1982) Die Wirkung von Disopyramide, Mexiletin und Propafenon nach intravenöser und oraler Gabe auf die Funktion des linken Ventrikels im M-Mode-Echokardiogramm. Z Kardiol 71:839–845
10. Braunwald E (1988) Pathophysiology of heart failure. In: Braunwald E (ed) Heart disease. Saunders, Philadelphia, p 426–448
11. Brodsky MA, Bryon JA, Debra Abak RN, Henry WL (1985) Propafenone therapy for ventricular tachycardia in the setting of congestive heart failure. Am Heart J 110:794–799
12. Cameron J, Stafford W, Prichard D, Norris R, Ravenscroft P (1984) Intravenous disopyramide in acute myocardial infarction: a hemodynamic and pharmacokinetic study. J Cardiovasc Pharmacol 6:126–131
13. Cote P, Bourassa MG, Delaye J, Janin A, Froment R, David P (1979) Effects of amiodarone on cardiac and coronary hemodynamics and on myocardial metabolism in patients with coronary artery disease. Circulation 59:1165–1172
14. Ellenbogen KA, O'Callaghan WG, Colavita PG, Smith MS, German LD (1985) Cardiac function in patients on chronic amiodarone therapy. Am Heart J 110:376–381
15. Erbel R (1985) Funktionsdiagnostik des linken Ventrikels. In: Grube E (Hrsg) Zweidimensionale Echokardiographie. Thieme, Stuttgart New York, S 345–368
16. Gottdiener JS, Dibianco R, Fletcher RD, Bates R, Sauerbrunn BJ (1980) Effects of Disopyramide on left ventricular function: assessment by radionuclide cineangiography. Circulation 62/3:147
17. Gottdiener JS, Dibianco R, Bates R, Sauerbrunn BJ, Fletcher RD (1983) Effects of Disopyramide on left ventricular function: assessment by radionuclide cineangiography. Am J Cardiol 51:1554–1558
18. Gottlieb SS, Kukin LL, Yushak M, Packer M (1989) Adverse hemodynamic and clinical effects of encainide in severe chronic heart failure. Ann Intern Med 110:505–509
19. Greene AC, Iskandrian AS, Hakki AH, Kane SA, Segal BL (1983) Effect of oral disopyramide therapy on left ventricular function. Chest 83:480–486
20. Haffajee CJ, Love JC, Alpert JS, Asdovrian CK, Sloan KC (1983) Efficacy and safety of long-term amiodarone in treatment of cardiac arrhythmias: dosage experience. Am Heart J 106:935–943
21. Hodges M, Hoback J, Erlien D, Asinger R, Mikell F (1981) Cardiac function after oral dosing with flecainide acetate. Clin Pharmacol Ther 29:251
22. Höher M, Friedrich M, Sommer T, Marten A, Ehmer B, Hombach V, Hirche HJ (1989) Effects of carvedilol on left ventricular function and arrhythmias during repeated short-time myocardial ischemia in experimental pigs. Z Kardiol 78, Suppl 3:7–15
23. Kosinski EJ, Albin JB, Young E, Lewis SM, Leland SO (1984) Hemodynamic effects of intravenous amiodarone. JACC 4:565–570
24. Kramer W (1988) Kardiale und extrakardiale Parameter als Grundlage differentialtherapeutischer Überlegungen bei Vor- und Nachlastsenkungen. Z Kardiol 77, Suppl 5:87–96
25. Lotto A, Finzi A, Massari FM, Pagnoni F, Valentini R, Ambrosini F, Lo Masto M (1984) Hemodynamic effects of antiarrhythmic drugs in acute myocardial infarction. G Ital Cardiol 14:762–767
26. Lüderitz B, Manz M (1988) Hämodynamik bei ventrikulären Rhythmusstörungen und bei ihrer Behandlung. Z Kardiol 77, Suppl 5:143–149

27. Lui HK, Lee G, Stoppe D, Harris FJ, Mason DT (1983) Effect of flecainide on left ventricular function. Clin Res 31:13 A
28. Marrott PK, Nair PL, Hill PD, Turner G, Sharman J (1983) Intravenous disopyramide in myocardial infarction: a hemodynamic study. NZ Med J 96:4-7
29. Martin MA, Bax ND, Tucker GT, Ward JW (1980) Disopyramide and lignocaine. A comparison of cardiac effects using echocardiography. Br J Clin Pharmacol 10:237-244
30. Ourbak P, Rocher JP, Manin JP, Vagner D, Leclerc M, Maurice P (1976) Effects hemodynamique de l'injection intra-veineuse de chlorhydrate d'amiodarone chez le sujet normal et le coronarien. Arch Mal Cœur 3:293-298
31. Pfisterer M, Burkhart F, Müller-Brand J, Kiowski W (1983) Amiodarone depresses cardiac function acutely but not chronically. Circulation 68 [Suppl 3]:281
32. Pfisterer M, Burkhart F, Müller-Brand J, Kiowski W (1985) Important differences between short- and long-term hemodynamic effects of amiodarone in patients with chronic ischemic heart disease at rest and during ischemia-induced left ventricular dysfunction. JACC 5:1205-1211
33. Podrid PJ (1989) Aggravation of arrhythmia: A complication of antiarrhythmic drug therapy. Eur Heart J 10 [Suppl E]:66-72
34. Pollick C, Giacomini KM, Blaschke TF, Nelson WL, Turner-Tamiyasu K, Biskin V, Popp RL (1982) The cardiac effects of D- and L-disopyramide in normal subjects: a non-invasive study. Circulation 66:447-553
35. Pornin M (1981) Effects hemodynamiques et coronaires induits par l'injection intraveineuse de disopyramide chez les insuffisants coronaires et les insuffisants cardiaques. Therapie 36:179-189
36. Rendard MB, Bernhard RM, Ewalenko MB, Englert M (1983) Hemodynamic effects of concurrent administration of metroprolol and tocainide in acute myocardial infarction. J Cardiovasc Pharmacol 5:116-120
37. Ryan WF, Karliner JS (1979) Effects of Tocainide on left ventricular performance at rest and during acute alterations in heart rate and systemic arterial pressure. Br Heart J 41:175-181
38. Salerno DM, Granrud G, Shartkey P, Asinger R, Hodges M (1984) A controlled trial of propafenone for treatment of frequent and repetitive ventricular premature complexes. Am J Cardiol 53:77-83
39. Sami M, Lisbona R (1985) Hemodynamic effects of mexiletine in patients with ventricular arrhythmias and depressed left ventricular function. Clin Res 33:224 A
40. Scheininger M, Theisen F, Silber S, Stern H, Theisen K (1985) Einfluß von Amiodaron (A) auf die linksventrikuläre Auswurffraktion bei Patienten mit Herzinsuffizienz. Z Kardiol 74:14
41. Scheininger M, Silber S, Theisen F, Theisen K (1986) Einfluß von Amiodarone auf die linksventrikuläre Auswurffraktion bei Patienten mit eingeschränkter Auswurffraktion und komplexen Rhythmusstörungen. Intensivmedizin 23:74-78
42. Schlepper M (1989) Cardiodepressive effects of antiarrhythmic drugs. Eur Heart J 10 [Suppl E]:73-80
43. Schmidt G (1989) Antiarrhythmische Therapie: Kardiodepressive Nebenwirkungen. Schattauer, Stuttgart New York
44. Shen EN, Sund RJ, Morady F, Schwartz AB, Scheinman MM, DiCarlo L, Shapiro W (1984) Electrophysiologic and hemodynamic effects of intravenous propafenone in patients with recurrent ventricular tachycardia. JACC 1:1291-1297
45. Sicart M, Besse P, Choussat A, Bricaud H (1977) Action hemodynamique de l'amiodarone intra-veineuse chez l'homme. Arch Mal Cœur 3:219-227
46. Stein J, Podrid P, Lown B (1985) Effect of oral mexiletine on left and right ventricular function. Am J Cardiol 54:575
47. Sugrue DD, Dickie S, Myers MJ, Lavender JP, McKenna WJ (1984) Effect of amiodarone on left ventricular ejection and filling in hypertrophic cardiomyopathy as assessed by radionuclide angiography. Am J Cardiol 54:1054-1058
48. Thormann J (1988) Klinische Gesichtspunkte zur Hämodynamik bei Herzrhythmusstörungen und während antiarrhythmischer Behandlung. Z Kardiol 77 [Suppl 5]:121-136
49. Thormann J, Kramer W, Kindler M, Kremer P, Schlepper M (1987) Einfluß von Diprafenon auf die L.V.-endsystolische Druck-Volumen-Beziehung. Kontinuierliche Analyse mit der

Conductance-(Volumen-)Kathetertechnik und der schnellen Laständerung durch temporäre Ballonokklusion der Vena cava inferior. Herz Kreislauf 19:487–496

50. Trimarco B, Ricciadelli B, de Luna N, Volpe M, Sacca L, Rengo F, Condorelli M (1983) Disopyramide, Mexiletine and Procainamide in the long-term oral treatment of ventricular arrhythmic efficacy and hemodynamic effects. Curr Ther Res 33:472–487

51. Trobaugh GB, Kudenchuk PJ, Greene HL, Tutt RC, Gorham JR, Gross BW, Graham EL, Sears GK, Werner JA (1983) Amiodarone effect on ventricular function. Circulation 68 [Suppl 3]:279

52. Trobaugh GB, Kudenchuk PJ, Greene HL, Tutt RC, Kingston E, Gorham JR, Gross BW, Graham EL, Sears GK, Werner JA (1984) Effect of amiodarone on ventricular function as measured by gated radionucleotide angiography. Am J Cardiol 54:1263–1266

53. Vismary LA, De Maria AN, Miller RR, Amsterdam EA, Mason DT (1975) Effects of intravenous disopyramide phosphate on cardiac function in ischemic heart disease. Clin Res 23:87A

54. Wester A, Mouselimis N (1982) Einfluß von Antiarrhythmika auf die Myokardfunktion. Dtsch Med Wochenschr 107:1262–1265

55. Wieshammer S, Keck FS, Waitzinger J, Kohler J, Adam WE, Stauch M, Pfeiffer EF (1988) Left ventricular function at rest and during exercise in acute hypothyroidism. Br Heart J 60:204–211

56. Wieshammer S, Delagardelle L, Sikel HA, Henze E, Kress P, Bitter F, Lippert R, Seibold H, Adam WE, Stauch M (1985) Limitation of radionuclide ventriculography in the noninvasive diagnosis of coronary artery disease. Br Heart J 53:603–610

57. Wisenberg G, Zwadadowski AG, Gebhardt VA, Prato FS, Goddard MD, Nichol PM, Rechnitzer PA, Gryfe-Becker B (1984) Effects on ventricular function of disopyramide, procainamide and quinidine as determined by radionuclide angiography. Am J Cardiol 53:1292–1297

58. Zipes DP (1988) Genesis of cardiac arrhythmias: electrophysical consideration. In: Braunwald E (ed) Heart disease. Saunders, Philadelphia London Toronto Montreal Sydney Tokyo, p 581–620

Fehler und Risiken bei der Arrhythmiebehandlung

B. Lüderitz

Fehler und Risiken in der Arrhythmiebehandlung erwachsen aus der noch lückenhaften Kenntnis von Pharmakokinetik und Pharmakodynamik sowie dem unvollständigen Wissen über den Wirkungsmechanismus und die Entstehung von Nebenwirkungen. Andererseits gibt es eine Reihe von Risiken, die bei kundiger Handhabung der modernen Antifibrillanzien vermeidbar sind.

Eine pathophysiologisch gezielte antiarrhythmische Therapie ist in den meisten Fällen nicht möglich. Die zugrundeliegende Störung des Verhältnisses von Erregungsleitungsgeschwindigkeit und Refraktärzeit und die gebotene Normalisierung dieser Parameter in der Weise, daß wieder ein geordneter Ablauf von Reizbildung und Erregungsleitung gewährleistet ist, lassen sich beim Patienten in der Regel vor Therapieeinleitung nicht objektivieren. Daher ist die Behandlung kardialer Arrhythmien gemeinhin eine empirische, wenn auch gewisse Differentialindikationen und Abschätzmöglichkeiten von Therapieerfolg und Nebenwirkungen bestehen.

Die Ineffizienz einer antiarrhythmischen Therapie – sei sie medikamentös oder elektrisch – ist jedoch häufig unvermeidbar. Eine Änderung dieser Situation hat sich durch die Einführung der programmierten Ventrikelstimulation in der Klinik ergeben. Dieses (invasive) Verfahren erlaubt es, die Wirksamkeit einer antiarrhythmischen Therapie auf die Auslösbarkeit und Frequenz der durch Elektrostimulation induzierten Kammertachykardien zu überprüfen und somit eine effektive Behandlung im Einzelfall zu bestimmen [8, 15, 27].

Hämodynamische Ausgangssituation als modifizierender Faktor der Arrhythmiebehandlung

1) Lebensalter

Eine wichtige und seit langem bekannte Einflußgröße ist das Lebensalter des Patienten. Von Robinson [24] wurde an gesunden Männern die belastungsabhängige maximale Herzfrequenz als Funktion des Lebensalters bereits 1939 nachgewiesen. Die hämodynamisch bedeutsame Frequenzerhöhung ist demnach in fortgeschrittenem Alter (> 60 Jahre) deutlich eingeschränkt. Die

Prof. Dr. B. Lüderitz, Med. Univ.-Klinik, Innere Medizin – Kardiologie, Sigmund-Freud-Str. 25, 5300 Bonn 1

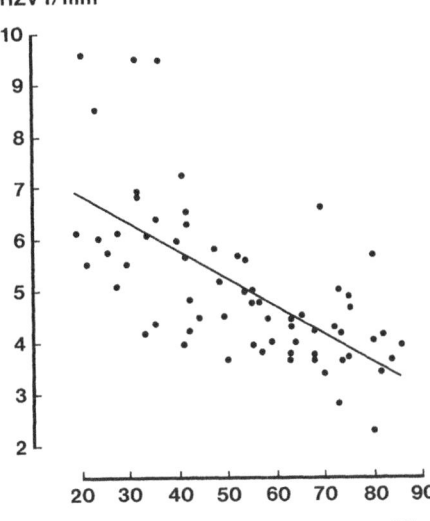

HZV l/min

Abb. 1. Beziehung zwischen Herzzeitvolumen (*HZV*) und Alter bei 67 herzgesunden Männern. (Nach Brandfonbrener et al. [2])

altersbedingte frequenzbezogene Abnahme des Herzzeitvolumens wurde 1955 von Brandfonbrener et al. [2] (Abb. 1) beschrieben.

2) Frequenz

Das gesunde Herz ist in der Lage, über weite Frequenzbereiche ein normales Herzzeitvolumen aufrechtzuerhalten. Dabei besteht eine inverse Beziehung zwischen Frequenz und Schlagvolumen. Mit steigender Frequenz verringert sich das Schlagvolumen zunächst weniger, als dem Frequenzzuwachs entspricht, so daß das Herzzeitvolumen erst ansteigt, sodann gleichbleibt und erst bei Frequenzen um oder über 160/min infolge der Verkürzung der diastolischen Füllungsphase abnimmt, weil das Schlagvolumen nun stärker absinkt, als dem Frequenzzuwachs entspricht. Bei Herzkranken kann die obere (kritische) Herzfrequenz, jenseits derer das Herzzeitvolumen absinkt, deutlich niedriger als bei Gesunden liegen, denn die Kompensationsvorgänge zur Aufrechterhaltung einer normalen Herzauswurfleistung werden entscheidend von der myokardialen Ausgangslage bzw. Grundkrankheit bestimmt (koronare Herzkrankheit, Myokarditis, Kardiomyopathie, Klappenfehler).

3) Reizbildung und Erregungsleitung

Erregungsleitung bzw. Art und Ort der Reizbildung sind wesentliche, die Hämodynamik bestimmende Faktoren. An Schrittmacherpatienten ließ sich mit der Radionuklidventrikulographie die Überlegenheit der atrioventrikulären Stimulation (DDD) gegenüber der Kammerbedarfsstimulation (VVI) im Akutversuch und in der Langzeitbeobachtung zeigen [1, 19, 20]. Die hämodynamischen Differenzen zwischen Kammer- und Sinusrhythmus gleicher Frequenz (bzw. bei Übergang von Kammertachykardien in Sinusrhythmus) be-

stehen in einer deutlichen Verminderung des systolischen Drucks während
der Kammertachykardie mit breitem QRS-Komplex. Bei schmalem oder
normalem QRS-Komplex kommt es trotz ventrikulärer Tachykardie zu einer
Verbesserung der Hämodynamik [7].

4) Herzrhythmusstörungen

Naturgemäß bestimmen Art und Häufigkeit der Rhythmusstörungen das
Ausmaß der Funktionseinbuße der Herzauswurfleistung und damit der Organdurchblutung. Die Untersuchungen von Corday u. Lang [4] belegen, daß
ventrikuläre Herzrhythmusstörungen die Nierendurchblutung, die zerebrale
Zirkulation und v. a. die Koronarzirkulation stärker beeinträchtigen als supraventrikuläre Arrhythmien. Schon vereinzelte ventrikuläre Extrasystolen
können zu einer signifikanten Abnahme des arteriellen Femoralisdrucks sowie des antegraden und retrograden Druckverhaltens führen. Eine Kammertachykardie läßt (frequenzabhängig) eine erhebliche Abnahme von systemi-
schem Druck sowie antegradem und retrogradem Koronardruck erkennen.
   Die zerebrale Zirkulation erfährt bei häufigen ventrikulären Extrasystolen eine Reduktion um 12%, bei ventrikulärer Tachykardie um bis zu 70%.
Die Nierendurchblutung ist bei ventrikulärer Extrasystolie um etwa 10%
vermindert und um etwa 60% bei ventrikulären Tachykardien. Die Koronarzirkulation ist bei ventrikulären Extrasystolen (je nach Häufigkeit) zwischen
12 und 25% eingeschränkt; bei ventrikulären Tachykardien ist sie um etwa
60% vermindert. Bei Kammerflimmern als elektrokardiographischem und
hämodynamischem Korrelat des Kreislaufstillstands kommt die koronare
Zirkulation zum Erliegen [5].

5) Auswurffraktion

Der besondere Zusammenhang von Hämodynamik und Herzrhythmusstörungen wird bei Betrachtung der linksventrikulären Auswurffraktion deutlich. In jüngster Zeit konnte nämlich nachgewiesen werden, daß bei primär
nichtinduzierbaren Tachyarrhythmien und bei Suppression zuvor durch programmierte Stimulation auslösbarer Tachykardien die Prognose hinsichtlich
der kumulativen Überlebensrate relativ schlecht ist, wenn die Auswurffraktion unter 30% liegt. Für das Auftreten eines Herzstillstands hat neben der
Induzierbarkeit ventrikulärer Arrhythmien zusätzlich eine linksventrikuläre
Ejektionsfraktion unter 30% als unabhängiger prognostischer Risikofaktor
zu gelten [32].

Kardiale Risiken

Proarrhythmische Effekte

Zu den Risiken der Arrhythmiebehandlung gehören kardiale und extrakardiale Nebenwirkungen, mit denen angesichts der Vielzahl der hierzulande

Tabelle 1. Arrhythmogene Wirkung antiarrhythmischer Pharmaka. (Nach Morganroth u. Horowitz [16])

Antiarrhythmikum	Komplexe VES (24-h-EKG)		Ventrikuläre Tachykardien (elektrophysiologische Testung)	
	n	[%]	n	[%]
Chinidin	20/130	15	5/25	20
Procainamid	5/55	9	4/19	21
Disopyramid	6/102	6	1/21	5
Mexiletin	11/144	8	8/40	20
Tocainid	12/120	10	1/21	6
Aprindin	9/80	11	5/26	19
Encainid	1/47	2	10/90	11
Flecainid	14/223	4	30/254	12
Gesamt	78/901	8	64/496	14

verwendeten Substanzen potentiell gerechnet werden muß. Kardiale unerwünschte Wirkungen im engeren Sinne stellen die Akzeleration von Tachykardien bzw. die Degeneration in Kammerflimmern dar. Entsprechende Komplikationen sind u. a. bekannt für Amiodaron, Chinidin, Mexiletin und Disopyramid [3, 10, 23]. Die Gefahr der Aggravation und Provokation ventrikulärer Arrhythmien scheint für Chinidin (ca. 15–20 %) höher zu liegen als für andere Antiarrhythmika (vgl. [30]). Dabei ist die arrhythmogene Wirkung der einzelnen Arzneistoffe in Abhängigkeit von der zugrundeliegenden Rhythmusstörung bzw. der Indikation zur Behandlung und von der methodischen Überprüfung des proarrhythmischen Effekts (24 h-Langzeit-EKG oder elektrophysiologische Testung) zu berücksichtigen (vgl. Tabelle 1).

In Einzelfällen kann es auch durch Atropinanwendung bei bradykarden Rhythmusstörungen zu supraventrikulären und ventrikulären Tachyarrhythmien (evtl. auch Kammerflimmern) als Nebenwirkung kommen.

Noch unklar sind zahlreiche Interaktionen der Antiarrhythmika untereinander bzw. zwischen antiarrhythmischer Substanz und anderen Stoffgruppen. Auch die Digitalisspiegelerhöhung bei gleichzeitiger Chinidin- oder Amiodaronmedikation ist in ihrer klinischen Bedeutung bisher nicht abschätzbar (vgl. [17]).

Eine besondere Situation ergibt sich für das I C-Antiarrhythmikum Flecainid (direkter Membraneffekt ohne Veränderung der Aktionspotentialdauer) durch die Ergebnisse der sog. CAST-Studie („cardiac arrhythmia suppression trial"; [28]). In einer Zwischenauswertung zeigte sich bei Infarktpatienten nach 10monatiger Behandlungsdauer in der Flecainidpatientengruppe eine höhere Inzidenz von Herzstillstand und Todesfällen (16 von 315 Patienten) als bei der Placebogruppe (7 von 309 Patienten).

Die Studie hatte klären sollen, inwieweit die medikamentöse Therapie ventrikulärer Extrasystolen nach Myokardinfarkt das Risiko eines plötzlichen Herztodes zu vermindern vermag. Die multizentrisch angelegte Untersuchung umfaßte Infarktkranke mit 6 oder mehr ventrikulären Extrasystolen pro Stunde im 24-h-Langzeit-EKG, die in einer Zeitspanne zwischen 6 Tagen und 2 Jahren nach dem Infarkt beobachtet wurden. Untersucht wurden – unter Berücksichtigung der linksventrikulären Auswurffraktion – Flecainid, Encainid und Moracizin gegenüber Placebo. Flecainid ist hier im Handel (Tambocor); Encainid ist in den USA auf dem Markt und befindet sich in der Bundesrepublik Deutschland im Zulassungsverfahren. Das Phenothiazinderivat Moricizin ist ein in der UdSSR entwickeltes Antiarrhythmikum, das auch in den USA noch klinisch erprobt wird. Vor Beginn der Studie wurde eine Titrationsphase eingeschaltet. Es wurden nur solche Patienten eingeschlossen, die auf eine der Prüfsubstanzen ansprachen.

Die veröffentlichten Resultate der Studie [28] zeigten der Zwischenauswertung entsprechend eine erhöhte Inzidenz von Herzstillstand und Todesfällen unter Flecainid oder Encainid (33/750 Patienten) im Vergleich mit der unbehandelten Placebogruppe (9/725 Patienten). Aus den Untersuchungen ist zu folgern, daß Patienten mit asymptomatischen ventrikulären Rhythmusstörungen nach Myokardinfarkt nicht mit Flecainid (oder Encainid) behandelt werden sollen, auch wenn die Medikamente in der Suppression von Herzrhythmusstörungen anfänglich wirksam sind.

Die unmittelbaren Konsequenzen aus der CAST-Studie ergaben sich für die Ärzteschaft aus den vom Bundesgesundheitsamt veranlaßten 3 „Rote-Hand"-Briefen: Ende April 1989 wurde die Indikation auf „lebensbedrohende tachykarde supraventrikuläre Herzrhythmusstörungen wie AV-Reentrytachykardien und bei WPW-Syndrom beschränkt. Eine strikte Kontraindikation besteht bei Myokardinfarkt (akut oder anamnestisch bekannt)." Wenige Wochen später wurde „in Anlehnung an die Praxis in anderen Ländern" die Anwendung auf „lebensbedrohende ventrikuläre Herzrhythmusstörungen erweitert, wie z.B. anhaltende ventrikuläre Tachykardien, wenn diese auf andere Weise nicht befriedigend behandelt werden konnten". Unter dem Eindruck schwerer Komplikation bei Therapieabbruch wurde schließlich die Indikation auf ventrikuläre Tachykardien ausgeweitet, „wenn diese mit Tambocor bereits erfolgreich behandelt worden sind" (vgl. [12]).

Als Folge der CAST-Studie trat im November 1989 das „Cardiovascular and Renal Drugs Advisory Committee" der „Food and Drug Administration" (FDA) zusammen und verabschiedete zu Flecainid (Tambocor) u.a. folgende Empfehlungen:

a) Symptomatische ventrikuläre Arrhythmien stellen keine allgemeine Indikation für Flecainid dar.
b) Als Indikation für Flecainid gelten anhaltende Kammertachykardien sowie solche ventrikulären Arrhythmien, die vom Arzt als lebensbedrohlich angesehen werden.
c) Die CAST-Ergebnisse und die sich daraus ergebenden Restriktionen sind auch auf andere I C-Antiarrhythmika (z.B. Propafenon) zu übertragen.
d) Flecainid kann bei supraventrikulären Tachyarrhythmien mit schwerer klinischer Symptomatik angewendet werden, wenn ein organisches Herzleiden ausgeschlossen ist.

e) Die Anwendung von I A- und I B-Antiarrhythmika ist zu begrenzen auf lebensbedrohliche Arrhythmien und symptomatische Herzrhythmusstörungen. Es ist darauf hinzuweisen, daß hinsichtlich der Mortalität kein prognostischer Nutzen von einer antiarrhythmischen Medikation zu erwarten ist.

Diese Empfehlungen fanden große Akzeptanz und haben somit weitgehend den Charakter von Leitlinien in der Arrhythmiebehandlung gewonnen.

In der Bundesrepublik Deutschland wurden die Anwendungsgebiete für Flecainid (Tambocor) in Abstimmung mit dem Bundesgesundheitsamt am 19. 01. 1990 wie folgt festgelegt:

„Symptomatische und behandlungsbedürftige supraventrikuläre Herzrhythmusstörungen wie paroxysmale supraventrikuläre Tachykardien aufgrund von AV-Reentry-Tachykardien oder WPW-Syndrom und paroxysmales Vorhofflimmern.
Schwerwiegende symptomatische ventrikuläre Herzrhythmusstörungen, wie z. B. anhaltende ventrikuläre Tachykardien, wenn diese nach Beurteilung des Arztes lebensbedrohend sind.
Als zusätzliche Gegenanzeigen gelten: Zustand nach Myokardinfarkt, eingeschränkte Herzleistung (LVEF < 35%). Ausnahmen für beides sind Patienten mit lebensbedrohenden ventrikulären Herzrhythmusstörungen".

Mit dieser Verlautbarung verfügt der Arzt wieder über einen ausreichenden Handlungsspielraum bei der Verordnung von Flecainid.

Hämodynamische Nebenwirkungen

Die hämodynamischen Nebenwirkungen bei der Arrhythmiebehandlung werden durch zahlreiche Einflußgrößen bestimmt (Lebensalter, Grundkrankheit, Auswurffraktion, Art und Häufigkeit der Arrhythmien; s. S. 140 ff.).
Nahezu alle praktisch-klinisch wesentlichen Antiarrhythmika besitzen kardiodepressive hämodynamische Wirkungen, die sich auf myokardiale Kontraktilität, Gefäßwiderstand, Herzzeitvolumen und Blutdruckverhalten beziehen. Die Substanzen der Wirkstoffklasse I A (sog. Natriumantagonisten) nach Vaughan Williams [29] beeinflussen die myokardiale Kontraktilität negativ, v.a. Chinidin und Disopyramid; letzteres erhöht zudem den peripheren Widerstand und vermindert das Herzzeitvolumen. Ajmalin verhält sich dagegen relativ neutral, wie auch die Klasse-I B-Substanzen Lidocain, Mexiletin und Tocainid. Unter den Klasse-I C-Antiarrhythmika hat Propafenon nennenswerte hämodynamische Auswirkungen, ebenso der noch nicht handelsübliche Propafenonabkömmling Diprafenon und – in geringem Ausmaß – Flecainid. Encainid nimmt diesbezüglich eher eine Mittelstellung ein. Sotalol als Klasse-III-Antiarrhythmikum vermindert die Kontraktilität auch wegen der gleichzeitigen β-Blockerwirkung.

Tabelle 2. Hämodynamische Nebenwirkungen der Antiarrhythmika, geordnet nach Wirkstoffklassen. Meldungen an die Arzneimittelkommission der Deutschen Ärzteschaft 1981–1987. Die Ziffern in Klammern bezeichnen die Anzahl der Patienten

	Chinidin	Herzinsuffizienz	(1)
I A	Disopyramid	Lungenödem	(2)
		Rechtsherzinsuffizienz	(2)
		„Kreislaufschwäche"	(3)
		Dyspnoe	(1)
I B	Mexiletin	Lungenödem	(1)
I C	Flecainid	Lungenödem	(2)
		Herzinsuffizienz	(3)
		Linksherzinsuffizienz	(1)
		Rechtsherzinsuffizienz	(1)
		„Kreislaufschwäche"	(1)
	Propafenon	Lungenödem	(2)
		Herzinsuffizienz	(2)
		Linksherzinsuffizienz	(3)
II	β-Blocker (einschließlich Sotalol)	Lungenödem	(6)
		Herzinsuffizienz	(5)
		Linksherzinsuffizienz	(2)
		Rechtsherzinsuffizienz	(1)
		„Kreislaufschwäche"	(17)
		Hypotension	(9)
III	Amiodaron	Lungenödem	(1)
	Sotalol	Lungenödem	(1)
		Rechtsherzinsuffizienz	(1)
IV	Verapamil	Lungenödem	(4)
		Herzinsuffizienz (global)	(2)
		Linksherzinsuffizienz	(1)
		Rechtsherzinsuffizienz	(1)
		„Kreislaufschwäche"	(25)
		Hypotension	(7)

Gegenüber der größtenteils experimentell ermittelten negativ-inotropen Wirkung der Antiarrhythmika sind entsprechende klinische Beobachtungen sehr viel seltener. Tabelle 2 enthält die der Arzneimittelkommission der Deutschen Ärzteschaft innerhalb von 16 Jahren gemeldeten hämodynamischen Nebenwirkungen antiarrhythmischer Substanzen (unveröffentlichte Mitteilung). Demzufolge wurde unter Chinidin nur einmal eine Herzinsuffizienz beobachtet. Bei Disopyramid, das erst seit 1977 in der Bundesrepublik Deutschland handelsüblich ist, sind die hämodynamischen Nebenwirkungen deutlich häufiger, ebenso bei den besonders weit verbreiteten Antiarrhythmika Flecainid und Propafenon (in Abhängigkeit von der Austreibungsfraktion [22]), seltener hingegen bei Mexiletin. Unter β-Rezeptorenblockern wer-

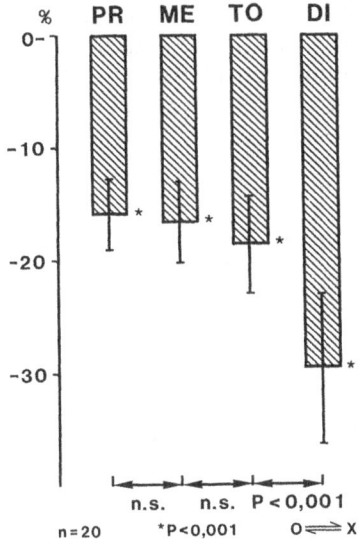

Abb. 2. Summationsdarstellung der Kontraktilitäts-beeinträchtigung durch Antiarrhythmika (unter Berücksichtigung von enddiastolischem und endsystolischem Durchmesser, Bewegungsamplitude des intraventrikulären Septums und der Herzhinterwand sowie Faserverkürzung und Mitralklappenseparationsindex). Einschränkung der Myokardfunktion in folgender Reihung: Propafenon (*PR*), Mexiletin (*ME*), Tocainid (*TO*) und Disopyramid (*DI*) mit ca. 30%iger Funktionseinschränkung gegenüber dem sog. Leerwert (0). (Nach Velebit et al. [30])

den hämodynamische Nebenwirkungen erwartungsgemäß vermehrt beobachtet.

Während die Klasse-III-Substanz Amiodaron hämodynamisch relativ günstig beurteilt wird, ist Sotalol teilweise auch bei der Klasse II (β-Rezeptorenblocker) mit seinen negativ-inotropen Wirkungen berücksichtigt. Bei dem Kalziumantagonisten Verapamil (Klasse IV) findet sich das Symptom Kreislaufschwäche vergleichsweise häufig – wohl auch wegen der peripheren Vasodilatation der Substanz.

Diese Beurteilung betrifft naturgemäß nur die Eigenwirkung der Substanzen auf die Kontraktilität. Dem steht die zu erwartende hämodynamisch günstige Beseitigung von Herzrhythmusstörungen als eigentliches Ziel der Anwendung von Antiarrhythmika gegenüber (vgl. [10]).

Insgesamt reflektieren die Angaben in Tabelle 2 das Bild von nur nach Einzelfällen zu zählenden hämodynamischen Wirkungen von Antiarrhythmika – zumindest im Meldeverhalten der Ärzteschaft. Zu bedenken ist allerdings, daß eine derartige Häufigkeitsaufstellung zahlreichen subjektiven und objektiven Einschränkungen unterliegt. So muß offen bleiben, ob prinzipiell zu wenige Nebenwirkungen mitgeteilt werden, ob Indikationsstellung und Therapiekontrolle so überaus kritisch und sorgfältig erfolgen, daß keine unerwünschten Wirkungen auftreten, oder ob die negative Inotropie tatsächlich eine so wenig relevante Nebenwirkung bei der Arrhythmiebehandlung ist.

In einer echokardiographischen Studie ergab sich die zunehmende Einschränkung der Myokardfunktion unter Antiarrhythmika in der Reihenfolge Propafenon – Mexiletin – Tocainid – Disopyramid (Abb. 2). Dabei zeigte Disopyramid mit einer ca. 30%igen Funktionseinschränkung die stärkste Kontraktilitätsminderung [31]. Unter klinischen Bedingungen konnten auch

Podrid et al. bei 16 von 100 mit Disopyramid oral behandelten Patienten die Symptome der z. T. hochgradigen Herzinsuffizienz mit Lungenstauung und Lungenödem nachweisen, wobei praktisch ein indirekter pharmakodynamischer Nachweis durch Besserung nach Absetzen von Disopyramid gegeben ist [21].

Amiodaron

In einer neueren Studie von Manz et al. wurden die hämodynamischen Wirkungen von Amiodaron bei rezidivierenden, persistierenden ventrikulären Tachykardien untersucht. Während der Aufsättigungsphase mit einer oralen Amiodarondosis von 800–1000 mg/Tag zeigte sich keine signifikante Änderung des mittels Thermodilution bestimmten Herzindex. Die echokardiographischen Funktionsparameter enddiastolischer, endsystolischer Durchmesser und relative Durchmesserverkürzung zeigten auch während der chronischen Amiodaronbehandlung mit 300–600 mg/Tag p.o keine nennenswerte Änderung als Ausdruck eines hämodynamisch weitgehend neutralen Verhaltens. Wesentlich für die Amiodaronwirkung ist v. a. der antiarrhythmische

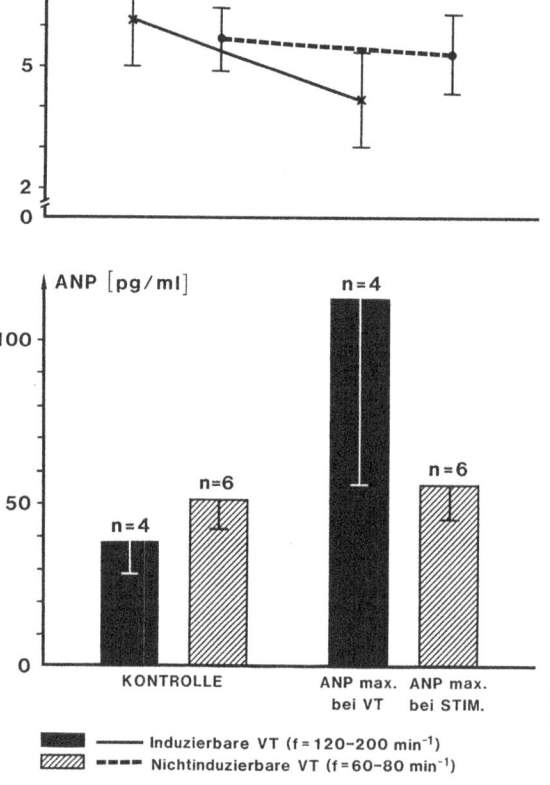

Abb. 3. Herzzeitvolumen (*HZV*) und atriales natriuretisches Peptid (*ANP*) bei ventrikulärer Tachykardie (*VT*). Die maximale ANP-Konzentration ist bei VT im Vergleich zur Kontrolle signifikant erhöht in Korrelation zu einer Abnahme des Herzzeitvolumens. (Nach Neyses et al. [18])

frequenzsenkende Effekt bei Kammertachykardien, der einer Abnahme des Herzzeitvolumens entgegenwirkt und sich stabilisierend während eines Tachykardierezidivs unter Therapie auswirkt [14].

Atriales natriuretisches Peptid

Eine nur mutmaßliche Einflußgröße auf die Hämodynamik bei Herzrhythmusstörungen ist das atriale natriuretische Peptid (ANP). Es wird in den Vorhofmuskelzellen gebildet, in kernnahen Granula gespeichert und bei Vorhofdehnung in den Kreislauf abgegeben. Die ANP-Konzentration ist bei Herzkranken höher als bei Herzgesunden und bei akuten Tachyarrhythmien höher als bei chronischer Frequenzbeschleunigung. Dabei ist während ventrikulärer Tachykardie die ANP-Konzentration signifikant höher als bei supraventrikulären Tachykardien oder Vorhofflimmern [6]. Hierbei ist es denkbar, daß der bestimmende Parameter weniger die Pulsfrequenz als vielmehr der konsekutiv erhöhte atriale Druck ist. Das in diesem Zusammenhang erhöhte ANP könnte sehr wohl die Polyurie bedingen, die bei Tachykardie beobachtet wird. Messungen von Neyeses et al. [18] ergaben dementsprechend eine signifikante Erhöhung der ANP-Konzentration bei Patienten mit Kammertachykardie, verbunden mit einer Abnahme des Herzzeitvolumens (Abb. 3). ANP ist hier zumindest Indikator der Herzinsuffizienz mit möglicherweise regulativer polyurischer Wirkung.

Extrakardiale Nebenwirkungen

Die Behandlung mit Antiarrhythmika ist durch eine Vielzahl unerwünschter extrakardialer Wirkungen gekennzeichnet (Tabelle 3). Wegen ihrer relativen Nebenwirkungsarmut finden β-Rezeptorenblocker zunehmende Verwendung in der Arrhythmiebehandlung. Abgesehen von den auf der spezifischen β-Sympatholyse beruhenden (kardialen) Nebenwirkungen, können eine Reihe unspezifischer unerwünschter Wirkungen auftreten, wie Schwindel, Müdigkeit, Nausea, Diarrhö, Mundtrockenheit, Pollakisurie, Exanthem, Konjunktivitis, Parästhesien, Raynaud-Syndrom, Potenzstörungen, Libidoverminderung und gelegentlich Sehstörungen.

Disopyramid (Diso-Duriles, Norpace, Rythmodul) und in gewissem Maße auch Chinidin weisen anticholinerge Nebenwirkungen auf (Mundtrockenheit, verschwommenes Sehen, Miktionsstörungen). Eine vorbestehende Prostatahypertrophie muß daher als Kontraindikation für die Anwendung von Disopyramid und Chinidin gelten.

Zahlreiche Antiarrhythmika können zu Blutbildschäden führen: Procainamid, Ajmalin, Phenytoin, Chinidin, Propranolol, Lidocain and Disopyramid [9]. Hervorgehoben sei hier das Aprindin, das wegen schwerer, z. T. tödlich verlaufender Nebenwirkungen (Blutbildschäden vom Typ der Agranulozytose) von der Arzneimittelkommission der Deutschen Ärzteschaft nur noch zur eingeschränkten Anwendung empfohlen wird. Naturgemäß besteht

Tabelle 3. Extrakardiale Nebenwirkungen der Antiarrhythmika

Medikament	Extrakardiale Nebenwirkungen
Ajmalin (Gilurytmal)	Übelkeit, Kopfschmerzen, Appetitlosigkeit, Cholestase, Leberenzymanstieg
Prajmalin (Neo-Gilurytmal)	Cholestase, Übelkeit, Kopfschmerzen, Schwindel, Leberenzymanstieg, Thrombozytopenie
Amiodaron (Cordarex)	Korneaablagerungen, Photosensibilität, Schilddrüsenstoffwechselstörungen; Selten: Lungenfibrose, Tremor, Polyradikulitis, Hepatopathie
Aprindin (Amidonal)	Tremor, Doppelsehen, Psychosen, cholest. Hepatitis, Agranulozytose
Chinidinbisulfat (z.B. Chinidin-Duriles, Optochinidin Ret.)	Gastrointestinale Beschwerden, Sehstörungen, Ohrensausen, Synkopen, Leukopenie, Hepatitis, hämolytische Anämie; Selten: Thrombozytopenie, Agranulozytose, schwere Überempfindlichkeitsreaktionen
Disopyramid (Diso-Duriles, Norpace, Rythmodul)	Mundtrockenheit, Seh- und Miktionsstörungen, gastrointestinale Beschwerden, Sedierung, Cholestase
Flecainid (Tambocor)	Doppelsehen, Schwindel, Kopfschmerzen, Müdigkeit
Lidocain (Xylocain)	Benommenheit, Schwindel, zentralnervöse Symptome
Lorcainid (Remivox)	Schlafstörungen, zentralnervöse Störungen; Selten: gastrointestinale Beschwerden
Mexiletin (Mexitil)	Zentralnervöse Beschwerden, Parästhesie, Hypotonie, gastrointestinale Beschwerden
Procainamid (Novocamid)	Blutdruckabfall, Depressionen, Agranulozytose, systemischer LE
Phenytoin (Phenydan, Zentropil)	Nystagmus, Ataxie, Lymphadenopathie, Gingivahyperplasie
Propafenon (Rytmonorm)	Mundtrockenheit, salziger Geschmack, Kopfschmerzen, Schwindel, gastrointestinale Beschwerden, Cholestase
Propranolol (Dociton)	Schwindel, Nausea, Diarrhö, Bronchospasmus, periphere Durchblutungsstörung, Alpträume
Sotalol (Sotalex)	Wie Propranolol, ausgeprägte Hypotonie (kardial: Bradykardie!)
Tocainid (Xylotocan)	Übelkeit, Erbrechen, Schwindel, Tremor, Hautreaktionen, zentralnervöse Beschwerden, Agranulozytose
Verapamil (Isoptin)	Hypotonie, gastrointestinale Beschwerden

daher bei bereits bekannten Blutbildschäden eine absolute Kontraindikation für die Anwendung der genannten Antiarrhythmika.

Folgerungen

Durch klinische und laborchemische Kontrollen kann dem Auftreten von Risiken und Therapiefehlern mit gravierenden Konsequenzen meist vorgebeugt werden (vgl. [10]). So läßt eine engmaschige Bestimmung der Leberfunktionsparameter eine Schädigung durch Antiarrhythmika wie Ajmalin, Prajmalin, Phenytoin, Amiodaron oder Aprindin meist rechtzeitig erkennen.

Bei Herzinsuffizienzpatienten ist die Gabe von Disopyramid sehr sorgfältig zu prüfen bzw. in Kombination mit Glykosiden oder anderen positiv-inotropen Substanzen vorzunehmen.

Die sorgfältige Überwachung des Blutbilds wird frühzeitig Blutbildschäden durch Antiarrhythmika aufdecken. Das Lupus-erythematodes-Syndrom bei Procainamidanwendung muß als gravierende Nebenwirkung gelten [26]. Unter Tocainid – dem 1982 als Xylotocan eingeführten Antiarrhythmikum mit dominierender Wirkung distal des His-Bündels – wurden ebenfalls LE-Nebenwirkungen mit positiver Immunhistologie der Niere mitgeteilt. Bei Patienten unter Amiodarontherapie bedarf es einer regelmäßigen Spaltlampenuntersuchung zur Feststellung von Korneaablagerungen und einer Überwachung der Schilddrüsenparameter zum Ausschluß einer Hyper- oder Hypothyreose (Einzelheiten s. [10]).

Fazit

Therapiefehler und Risiken der Arrhythmiebehandlung lassen sich in vermeidbare und unvermeidbare einteilen.

Unvermeidbare Risiken

- Ineffizienz der antiarrhythmischen Therapie (medikamentös; elektrotherapeutisch),
- kardiale und extrakardiale Nebenwirkungen (z.B. Sinusknotendepression, anticholinerge Nebenwirkungen),
- Verstärkung der Herzrhythmusstörungen (Akzeleration einer Tachykardie, Degeneration in Kammerflimmern),
- Arzneimittelinteraktionen (z.B. Digoxin – Chinidin; Digoxin – Amiodaron; Warfarin-Natrium – Amiodaron; Chinidin – Amiodaron).

Typische vermeidbare Risiken

Fehldiagnosen
a) Verkennung des Grundleidens (z.B. Hyperthyreose, Hypokaliämie, Schrittmacherfunktionsstörungen),

b) Differentialdiagnose ventrikuläre vs. supraventrikuläre Extrasystolie bzw. Tachykardie,

c) Differentialdiagnose tachysystolisches Vorhofflimmern vs. Reentrytachykardie (WPW).

Nichtbeachtung von absoluten und relativen Kontraindikationen

a) Sinusknotensyndrom (betrifft alle Antiarrhythmika),
b) obstruktive Lungenerkrankungen (β-Blocker),
c) Prostatahypertrophie (Disopyramid),
d) Blutbildschädigung (Procainamid, Ajmalin, Prajmalin, Phenytoin, Chinidin, Propranolol, Lidocain, Disopyramid, Aprindin, Tocainid u. a.),
e) Präexzitationssyndrom (Digitalis),
f) Niereninsuffizienz (β-Blocker, Chinidin, Disopyramid, Glykoside, Procainamid),
g) QT-Syndrom (leitungsverlängernde Antiarrhythmika u. a.),
h) Schwangerschaft (Spartein).

Vernachlässigung von Nebenwirkungen

a) Leberschädigung (Prajmalin, Amiodaron, Aprindin, Phenytoin),
b) Herzinsuffizienz (Disopyramid; übrige Antiarrhythmika),
c) Blutbildschäden (Phenytoin, Aprindin, Tocainid u.a.),
d) LE-Symptomatik (Procainamid, Tocainid),
e) Schilddrüsenfunktionsstörungen (Amiodaron).

Unerlaubte Antiarrhythmikakombinationen, z. B.

a) Verapamil, Diltiazem und β-Blocker (Sinusknoten, AV-Leitung),
b) Disopyramid + Chinidin ⎫
c) Disopyramid + Aprindin ⎬ (ventrikuläre Leitungsverzögerung)
d) Chinidin + Amiodaron.

Ein nicht unbeträchtlicher Teil der Risikomöglichkeiten erwächst aus dem verständlichen Wunsch, ein Antiarrhythmikum gegen „Rhythmusstörungen aller Art" einsetzen zu können – ein Medikament, das es bisher nicht gibt. Die antiarrhythmische Substanz, die selektiv die pathologische Rhythmusstörung beseitigt, das normale Reizbildungs- und Erregungsleitungsgewebe unbeeinflußt läßt und frei von kardialen und extrakardialen Nebenwirkungen ist, wird wohl auch in absehbarer Zeit nicht verfügbar sein.

Die Gabe inadäquater Antiarrhythmika sollte bei sorgfältiger Differentialdiagnose vermeidbar sein. Nach Möglichkeit sollte nicht grundsätzlich ein sog. Antiarrhythmikum der ersten Wahl verwendet werden, sondern – wo immer möglich – der Differentialtherapie der Vorzug gegeben werden. Bei ausreichender Kenntnis der verwendeten antiarrhythmischen Substanzen unter Berücksichtigung von Indikation, Kontraindikation und Nebenwirkungen könnten die vermeidbaren Risiken in der Arrhythmiebehandlung auf ein Minimum zu reduzieren sein.

Zweifellos ist die Behandlung kardialer Arrhythmien durch die CAST-Ergebnisse und ihre Folgen schwieriger geworden. Dennoch bleibt die Therapie symptomatischer Herzrhythmusstörungen in den meisten Fällen eine dankbare und wird bei Schwinden hämodynamisch bedingter Beschwerden vom Patienten als überaus hilfreich empfunden. – Auch weiterhin ist das Symptom „Herzrhythmusstörung" behandlungsbedürftig, wenn subjektive Beschwerden bestehen oder wenn eine rhythmogene prognostische Belastung des Patienten vorliegt. Letzteres trifft insbesondere für die koronare Herzkrankheit und die Kardiomyopathie zu. In der Regel ist hier eine Langzeitprophylaxe angezeigt. Bei Versagen von Einzelsubstanzen ist durch die Kombination von Antiarrhythmika häufig eine gute Wirksamkeit mit niedriger Nebenwirkungsrate möglich. Angesichts der nicht unbeträchtlichen kardialen und extrakardialen Nebenwirkungen der Antiarrhythmika ist jedoch – auch als Lehre aus CAST – vor einer unkritischen Dauerprophylaxe zu warnen. In der Nutzen-Risiko-Abwägung erscheint vielmehr eine auf den Einzelfall ausgerichtete Entscheidungsfindung vor jeder Therapieeinleitung geboten.

Zusammenfassung

Zu den Risiken bzw. Behandlungsfehlern der medikamentösen Arrhythmiebehandlung gehört das Auftreten vermeidbarer und unvermeidbarer kardialer und extrakardialer Nebenwirkungen. Den kardialen unerwünschten Wirkungen sind elektrophysiologische und hämodynamische Effekte zuzurechnen. Elektrophysiologische Nebenwirkungen umfassen Sinusknotendepression, atrioventrikuläre und intraventrikuläre Leitungsstörungen mit konsekutiven Bradykardien sowie Tachyarrhythmien als Ausdruck proarrhythmischer Effekte: Akzeleration von Tachykardien, Degeneration in Kammerflimmern. Besonders gefürchtet sind die „Torsades-de-pointes"-Tachykardien bei inhomogener Kammerrepolarisation.

Die negativ-inotropen Wirkungen, die praktisch alle Antiarrhythmika aufweisen, sind bei eingeschränkter Ventrikelfunktion von besonderer Bedeutung. Bei Beseitigung der behandlungsbedürftigen Arrhythmie können die negativ-inotropen Eigenwirkungen jedoch weitgehend vernachlässigt werden.

Die potentiellen extrakardialen Nebenwirkungen betreffen zahlreiche Organsysteme wie Gastrointestinal- und Urogenitaltrakt, Zentralnervensystem, Stoffwechsel, Haut, Augen und blutbildendes System.

Als Folgerung ergibt sich die Notwendigkeit einer kritischen Indikationsstellung zur Arrhythmiebehandlung. Besonders in der Einstellungsphase ist eine engmaschige und sorgfältige Überwachung des Patienten geboten.

Literatur

1. Bergbauer M, Sabin G (1983) Hämodynamische Langzeitresultate der bifokalen Schrittmacherstimulation. Dtsch Med Wochenschr 108:545–549
2. Brandfonbrener M, Landowne M, Shock W (1955) Changes in cardiac output with age. Circulation 12:557–566

3. Cocco G, Strozzi C, Chu D, Pansini R (1980) Torsades de pointes as a manifestation of mexiletine toxicity. Am Heart J 100:878–880
4. Corday E, Lang TW (1978) Altered physiology associated with cardiac arrhythmias. In: Hurst JW (ed) The Heart. Mc-Graw Hill, New York, p 628
5. Corday E, Gold H, de Vera LB, Williams HJ, Fields J (1959) Effect of the cardiac arrhythmias on the coronary circulation. Am Coll Phys 50:535–553
6. Crozier IG, Ikram H, Nicolls MG, Espiner EA, Yandle TG (1987) Atrial natriuretic peptide in spontaneous tachycardias. Br Heart J 58:96–100
7. Fisher JD, Kimm SG, Mercando AG (1988) Electrical devices for treatment of arrhythmias. Am J Cardiol 61:45A–57A
8. Horowitz LN, Josephson ME, Farshidi A, Spielman SR, Michelson EL, Greenspan AM (1978) Recurrent sustained ventricular tachycardia. 3. Role of the electrophysiologic study in selection of antiarrhythmic regimens. Circulation 58:986–997
9. Knipping W (1980) Problematik der Beurteilung seltener Arzneimittelnebenwirkungen am Beispiel der Agranulozytose durch Antiarrhythmika. Med Klin 75:108–115
10. Lüderitz B (1987) Therapie der Herzrhythmusstörungen. Leitfaden für Klinik und Praxis, 3. Aufl. Springer, Berlin Heidelberg New York Tokyo
11. Lüderitz B (1989) Hämodynamische Gesichtspunkte bei der Therapie mit Antiarrhythmika. Dtsch Med Wochenschr 114:30–33
12. Lüderitz B (1989) Indikationsbeschränkung für Flecainid. MMW 131:436
13. Lüderitz B, Manz M (1988) Hämodynamik bei ventrikulären Rhythmusstörungen und bei ihrer Behandlung. Z Kardiol 77, Suppl 5:143–149
14. Manz M, Pfitzner P, Nitsch J, Lüderitz B (1988) Amiodaron: Hämodynamische Messung bei Patienten mit rezidivierenden persistierenden ventrikulären Tachykardien. Z Kardiol 77, Suppl 1:74
15. Mason JW, Winkle RA (1978) Electrode-catheter arrhythmia induction in the selection and assessment of antiarrhythmic drug therapy for recurrent ventricular tachycardia. Circulation 58:971–985
16. Morganroth J, Horowitz LN (1984) Flecainide: Its proarrhythmic effect and expected changes on the surface electrocardiogram. Am J Cardiol 53:89B–94B
17. Moysey JO, Jaggarao NSV, Grundy EN, Chamberlain DA (1981) Amiodarone increases plasma digoxin concentration. Br Med J 282:272
18. Neyses L, Nitsch J, Manz M, Korus C, Tüttenberg HP, Lüderitz B (1988) Bei essentieller Hypertonie wird der Spiegel des atrialen natriuretischen Peptids (ANP) durch das Ausmaß der Herzbeteiligung bestimmt. Z Kardiol 77, Suppl 1:73
19. Nitsch J, Seiderer M, Büll U, Lüderitz B (1982) Individuelle Schrittmacherprogrammierung durch Äquilibrium-Ventrikulographie (ÄRNV). Z Kardiol 71:240 (Abstr.)
20. Nitsch J, Seiderer M, Büll U, Lüderitz B (1983) Auswirkung unterschiedlicher Schrittmacherstimulation auf linksventrikuläre Volumendaten. Untersuchungen mit der Radionuklid-Ventrikulographie. Z Kardiol 72:718–722
21. Podrid PJ, Schoeneberger A, Lown B (1980) Congestive heart failure caused by oral disopyramide. N Engl J Med 302:614–617
22. Podrid PJ, Cytryn R, Lown B (1984) Propafenone: Noninvasive evaluation of efficacy. Am J Cardiol 54:53D–59D
23. Robertson CE, Miller MC (1980) Extreme tachycardia complicating the use of disopyramide in atrial flutter. Br Heart J 44:602–603
24. Robinson S (1939) Experimental studies of physical fitness in relation to age. Arbeitsphysiologie 10:251–323
25. Seipel L, Breithardt G (1981) Antiarrhythmika. In: Krayenbühl HP, Kübler W (Hrsg) Kardiologie in Klinik und Praxis, Bd II: Klinik, Pharmakologie, spezielle Gesichtspunkte in der Betreuung Herzkranker. Thieme, Stuttgart, Kap 66
26. Sonnhag C, Karlsson E, Hed J (1979) Procainamide-induced lupus erythematosus-like syndrome in relation to acetylator phenotype and plasma levels of procainamide. Acta Med Scand 206:245–251
27. Steinbeck G, Manz M, Lüderitz B (1981) Control of antiarrhythmic drug therapy of ventricular tachycardia by programmed ventricular stimulation: effects of disopyramide. Br J Clin Pract [Suppl] 11:47–51

28. The cardiac arrhythmia suppression trial (CAST) investigators (1989) Preliminary report: Effect of encainide and flecainide on mortality in a randomized trial of arrhythmia suppression after myocardial infarction. N Engl J Med 321:406–412
29. Vaughan Williams EM (1970) Classification of antiarrhythmic drugs. In: Sandoe E, Flensted-Jensen E, Olesen KH (eds) Cardiac arrhythmias. Astra Södertälje, p 449
30. Velebit V, Podrid P, Lown B, Cohen BH, Graboys TB (1982) Aggravation and provocation of ventricular arrhythmias by antiarrhythmic drugs. Circulation 65:886–894
31. Wester HA, Mouselimis N (1982) Einfluß von Anitarrhythmika auf die Myokardfunktion. Dtsch Med Wochenschr 107:1262–1266
32. Wilber DJ, Garan H, Finkelstein D, Kelly E, Newell J, McGovern B, Ruskin JN (1988) Out-of-hospital cardiac arrest. Use of electro-physiologic testing in the prediction of long-term outcome. N Engl J Med 318:19–24

Sachverzeichnis

B. Lüderitz, Universität Bonn

Therapie der Herzrhythmusstörungen

Leitfaden für Klinik und Praxis

3., erw. und völlig neubearb. Aufl. 1987. XIII,
355 S. 119 Abb. 111 Tab. Geb. DM 65,–
ISBN 3-540-17078-2

Die **Therapie der Herzrhythmusstörungen** hat seit 1980
in 1. und 2. Auflage – einschließlich einer spanischen
Übersetzung – eine überaus weite Verbreitung gefunden. Wesentliche Fortschritte der medikamentösen,
elektrotherapeutischen und chirurgischen Behandlung
der Herzrhythmusstörungen machten eine völlige
Neubearbeitung erforderlich. Neue Erkenntnisse ergaben sich nicht nur auf dem Gebiet der antibradykarden
und antitachykarden Schrittmacherbehandlung, sondern
vor allem auf dem pharmakologischen Sektor einschließlich der unerwünschten Arzneimittelwirkungen.
Daneben finden die Problemkreise „Kombinationstherapie", „Rhythmusstörungen bei Kindern", „Antiarrhythmika in der Schwangerschaft" und „Herzrhythmusstörungen bei Sportlern" in der Neuauflage
spezielle Berücksichtigung. – Es bleibt Anliegen des
Buches, durch Praktikabilität, Aktualität und tabellari-
sche Darstellungsform zur verbesserten Differentialtherapie von Herzrhythmusstörungen beizutragen.

Aus den Besprechungen der 2. Auflage: „Das Buch von
Lüderitz darf wohl als das führende Werk über Antiarrhythmika nicht nur im deutschen sondern auch im
internationalen Schrifttum bezeichnet werden."

Deutsches Ärzteblatt

Springer-Verlag Berlin
Heidelberg New York London
Paris Tokyo Hong Kong

B. Lüderitz, Universität Bonn

Herzschrittmacher

Therapie und Diagnostik kardialer Rhythmusstörungen

Unter Mitarbeit von J. Nitsch,
L. Seipel, G. Steinbeck, J. Witte

1986. XI, 430 S. 181 Abb. 65 Tab.
Geb. DM 118,– ISBN 3-540-15404-3

B. Lüderitz, Universität Bonn (Hrsg.)

Herzrhythmus-störungen

Bearbeitet von G. Breithardt,
B. Brisse, E. Jähnchen, W. Kasper,
H.-J. Knieriem, E.-R. v. Leitner,
B. Lüderitz, P. Matthiesen,
D. Mecking, T. Meinertz,
C. Naumann d'Alnoncourt,
H. Nawrath, H. Neuss, J. Ostermeyer,
M. Schlepper, L. Seipel, G. Steinbeck,
K. Theisen, J. Thormann, D. Trenk,
H. A. Tritthart

1983. XXVI, 1151 S. 410 Abb. 106
Tab. (Handbuch der inneren Medizin, Band 9, Teil 1). Geb. DM 320,–
Subskriptionspreis Geb. DM 256,–
(Der Subskriptionspreis gilt bei
Verpflichtung zur Abnahme aller
Teilbände bis zum Erscheinen des
letzten Teilbandes von Band 9).
ISBN 3-540-12079-3

B. Lüderitz, Universität Bonn (Hrsg.)

Ventrikuläre Herzrhythmus-störungen

Pathophysiologie – Klinik – Therapie

1981. XV, 459 S. 149 Abb. Geb.
DM 118,– ISBN 3-540-10553-0

B. Lüderitz, Universität Bonn;
H. Antoni, Universität Freiburg
(Hrsg.)

Perspektiven der Arrhythmie-behandlung

1988. X, 143 S. 59 Abb. Geb.
DM 48,– ISBN 3-540-18931-9

G. Riecker

Klinische Kardiologie

Krankheiten des Herzens, des Kreislaufs und der Gefäße

Unter Mitarbeit von H. Avenhaus,
H. D. Bolte, W. Hort, B. Lüderitz,
B. E. Strauer

2., neubearb. und erg. Aufl. 1982.
XV, 760 S. 292 Abb. Geb. DM 188,–
ISBN 3-540-10787-8

Preisänderungen vorbehalten

Springer-Verlag
Berlin Heidelberg New York London Paris Tokyo Hong Kong

Springer

Made in the USA
Las Vegas, NV
11 November 2024